Conoce todo sobre robótica educativa

Andrés S. Vázquez Fernández-Pacheco

Francisco Ramos de la Flor

Raúl Fernández Rodríguez

Ismael Payo Gutiérrez

Antonio Adán Oliver

Conoce todo sobre robótica educativa

Andrés S. Vázquez Fernández-Pacheco
Francisco Ramos de la Flor
Raúl Fernández Rodríguez
Ismael Payo Gutiérrez
Antonio Adán Oliver

Ra-Ma®

Conoce todo sobre robótica educativa
© Andrés S. Vázquez Fernández-Pacheco, Francisco Ramos de la Flor, Raúl Fernández Rodríguez, Ismael Payo Gutiérrez, Antonio Adán Oliver
© De la edición: Ra-Ma 2015
© De la edición: ABG Colecciones 2020

Editado por:
RA-MA Editorial
Madrid, España

Colección American Book Group - Ingeniería y Tecnología - Volumen 6.
ISBN No. 978-168-165-747-9
Biblioteca del Congreso de los Estados Unidos de América: Número de control 2019935069
www.americanbookgroup.com/publishing.php

Maquetación: Antonio García Tomé
Diseño de portada: Antonio García Tomé
Arte: Macrovector / Freepik

"Financiado por la Fundación Española para la Ciencia y la Tecnología - Ministerio de Economía y Competitividad"

ÍNDICE

SOBRE LOS AUTORES

Somos un grupo de profesores e investigadores jóvenes de la Universidad de Castilla-La Mancha. Nuestro objetivo es fomentar la iniciativa y la ilusión por este mundo maravilloso que es la Robótica.

Llevamos varios años dedicados a la robótica y a la enseñanza con la pretensión de extender nuestra dedicación a vosotros: los alumnos de secundaria.

Esperamos que la experiencia con este libro sea para vosotros un primer paso en el fascinante mundo de la robótica.

Os invitamos a visitar nuestra web:
www.automaticayrobotica.es

donde podréis encontrar Material didáctico, recursos y actividades que reforzaran vuestra formación.

PREÁMBULO

Desde los albores de los tiempos, el hombre siempre ha buscado cómo simplificar la realización de las tareas necesarias para la supervivencia y, a medida que estas se cubrían, también para su comodidad y diversión. En este sentido, la automática, y más concretamente una parte de ella, la robótica, representa uno de los mayores logros de la ingeniería en toda la historia, que ha facilitado y optimizado las labores de fabricación desde mediados del siglo xx. Los robots están presentes en prácticamente todas las áreas de la industria, especialmente en sectores como el de la automoción, donde son motor de innovación y riqueza de los países más avanzados del mundo.

La robótica lleva por lo tanto más de 50 años formando parte de nuestras vidas y sus conceptos están asumidos dentro del pensamiento cotidiano de las nuevas generaciones desde la infancia.

¿Por qué un libro de robótica para enseñanza secundaria?

En primer lugar, **porque es atractivo**. Los robots son parte de la cultura popular gracias a los grandes iconos de la ciencia-ficción de los años 70 y 80, como *Star Wars*, *Terminator* o *Cortocircuito*, y resultan tremendamente atractivos para los jóvenes que han crecido con películas y libros nacidos de la imaginación de escritores y cineastas del siglo xx y principios del xxi. Aun estando muy lejos de las expectativas creadas por la ciencia-ficción, los contenidos de robótica presentes en este libro pueden ser extrapolados a investigaciones punteras actuales que cada vez nos acercan más a ese horizonte de robots inteligentes.

En segundo lugar, **porque es didáctico**. La robótica combina un número de campos de la ciencia y la técnica difícilmente reunidos en ninguna otra aplicación.

Por un lado, campos de la física como la electrónica, la mecánica clásica, la electricidad o la ciencia de materiales se entrelazan necesariamente en el diseño y construcción de un robot. Por otro lado, se potencia el pensamiento lógico a través de la programación de los robots, se entrenan las capacidades matemáticas en la descripción de los mismos y sus movimientos, y se estudian conceptos tecnológicos de aplicación cotidiana.

En tercer lugar, **porque es accesible**. Hoy en día, el abaratamiento en los costes de producción de los componentes de un robot, gracias en gran medida al propio desarrollo de la robótica en la industria, hace que puedan ser adquiridos a precios muy asequibles, inimaginables hace solo un par de décadas.

En cuarto y último lugar, **porque es práctico**. Los conceptos presentados en este libro son directamente aplicables a cualquier robot construido en el ámbito doméstico. La posibilidad de comprobar el efecto real de la aplicación de conceptos físicos y tecnológicos, en algo tangible como un robot, refuerza el aprendizaje y la motivación del alumno.

¿A quién va dirigido el libro?

Este libro incluye los contenidos básicos de un curso introductorio a la robótica y pretende servir de introducción tanto al profesor como al alumno de enseñanza secundaria. En él se ilustran los conceptos básicos con explicaciones didácticas, fáciles de entender para todos los niveles que se pretenden cubrir, pero con contenidos matemáticos más avanzados para complementar los conocimientos del profesor y para aquellos alumnos de últimos cursos especialmente motivados.

¿Cómo está estructurado?

Los contenidos del libro se dividen en **cuatro partes**.

▶ Una primera **introducción** con el fin de mostrar la utilidad y actualidad de la robótica en el mundo actual.

▶ Una segunda parte en la que se describen en detalle los **elementos físicos** de un sistema robótico y su funcionamiento, clasificando los robots en función de su forma y características estructurales, haciendo énfasis en sensores (para la percepción del estado del robot y del entorno) y actuadores (para desempeñar tareas de manipulación/interacción con el entorno y desplazamiento por el mismo).

▶ La tercera parte se dedica al **control** de estos sistemas. Para ello se dedican capítulos a los microcontroladores y a su programación para adecuar los movimientos a la información recibida por los sensores.

▶ La cuarta y última parte es una introducción a la descripción matemática de los movimientos de un robot (cinemática).

¿Cómo afianzar los conceptos?

Este libro es un manual principalmente teórico, pero a lo largo de sus capítulos se proponen actividades con la intención de ilustrar los conceptos presentados. Para la preparación de dichas actividades, tanto el educador como el alumno disponen de un libro asociado, con un enfoque puramente práctico, en el que se resuelven las actividades propuestas utilizando dos de los sistemas más extendidos en robótica educativa: Arduino y Lego Mindstorms.

¿Qué pretendemos con este libro?

Creemos firmemente que la robótica es un ejemplo capaz de motivar a un gran número de alumnos. Esperamos que dicha motivación aumente su interés por la ciencia y la tecnología, pilares básicos en los que se asienta el desarrollo tecnológico y la innovación de un país, y, por tanto, su riqueza duradera y sus expectativas para el futuro.

Deseamos que los profesores y formadores que utilicen este libro encuentren una vía para hacer crecer la curiosidad en los alumnos, y que los alumnos lo que sigan encuentren la motivación necesaria para perseguir una carrera científica y para hacerse preguntas, pues las preguntas que se hicieron en el pasado propiciaron la tecnología de hoy, y las que aún no se han formulado crearán la tecnología de mañana.

Ciudad Real,
mayo de 2015

1

¿QUÉ ES LA ROBÓTICA?

*Es difícil decir qué es imposible, porque el sueño de ayer
es la esperanza de hoy y la realidad de mañana.*

Robert H. Goddard

Según la definición del *DRAE* (*Diccionario de la Real Academia Española*), la robótica es la "técnica que aplica la informática al diseño y empleo de aparatos que, en sustitución de personas, realizan operaciones o trabajos, por lo general en instalaciones industriales". Analizando la definición podemos obtener las siguientes conclusiones:

▸ La robótica es una **técnica**, no una ciencia en sí misma. Es decir, consiste en la aplicación de conceptos científicos con una finalidad práctica, pero la gran cantidad y la diversidad de conceptos aplicados (mecánica, electricidad, electrónica, programación…) convierten a la robótica en un ejemplo integrador de ingeniería con gran valor educativo.

▸ Está estrechamente ligada al concepto de **informática**, y es esta ciencia la que ha permitido su desarrollo hasta los niveles actuales de cercanía al gran público.

▸ Se utiliza para **sustituir al hombre** en la realización de operaciones, o bien mecánicas y repetitivas, o bien pesadas y que requieren un gran esfuerzo.

Sin embargo, esta definición, aunque correcta, es solamente una definición parcial del alcance y aplicaciones de la robótica actual, puesto que podríamos entender que la robótica se limita a instalaciones industriales, en las denominadas cadenas de producción. Este tipo de robótica se conoce como **robótica industrial**.

Si bien esto ha sido cierto hasta mediados de los años 90, en los últimos 20 años se ha producido un desarrollo espectacular de otra rama de la robótica: la **robótica de servicios**. Dicha rama pretende sacar los robots de las instalaciones industriales tradicionales y utilizarlos en aplicaciones más cotidianas, como la limpieza doméstica, o especializadas, como las operaciones quirúrgicas.

Una definición muy genérica que nos puede servir para englobar ambas vertientes de la robótica es la siguiente[1]:

> "Un robot es una máquina que puede *sentir*, *pensar* y *actuar* para conseguir un objetivo predefinido."

En cualquier caso, no debemos dejarnos llevar por la fantasía, puesto que *sentir*, *pensar* y *actuar* son acciones mucho más limitadas para un robot que para un humano. El resto de los capítulos de este libro se dedicarán a describir y acotar esas características de los robots.

1.1 ANTECEDENTES

La robótica, entendida como la capacidad de dotar de autonomía a una máquina o a un objeto inanimado, ha sido una de las grandes obsesiones de la humanidad: desde el mito griego de Talos,[2] un gigante de bronce que protegía la isla de Creta varios siglos antes de Cristo, hasta el mito moderno de Frankenstein,[3] un ser creado a principios del siglo xix mediante partes de hombres, al que se le insufla la capacidad de moverse y pensar mediante una descarga eléctrica.

Antes de definir la robótica tal y como la entendemos ahora, se dedicaron numerosos esfuerzos a crear seres y máquinas automáticos. A continuación se explican algunos de los hitos relacionados con ello.

---

1   *Robotics, Vision and Control*, Peter Corke. Ed. Springer (2011).

2   *El viaje de los argonautas*, Apolonio de Rodas, s. iii a. C.

3   *Frankenstein*, de Mary Shelley (1818).

1.1.1 Autómatas

Un autómata se define como una "máquina que imita la figura y los movimientos de un ser animado" según el *DRAE*. Han existido numerosos autómatas a lo largo de la historia, los primeros antecedentes de los que se tiene constancia son las "cabezas parlantes" de Alberto Magno o el león mecánico de Leonardo da Vinci, aunque no han llegado a nuestros días.

1.1.1.1 EL HOMBRE DE PALO (S. xvi)

Creado por Juanelo Turriano, un ingeniero español de procedencia milanesa, para el rey español Felipe II. Este autómata (véase la Figura 1.1) tenía la capacidad de abrir la boca y mover la cabeza, los ojos e incluso las manos para hacer el gesto de imponer el crucifijo.

1.1.1.2 EL PATO DE VAUCANSON (S. xviii)

Este pato mecánico era capaz de batir las alas, comer e incluso realizar la digestión (con su correspondiente evacuación de restos de comida, que era falsa) por medio de un complicado mecanismo de relojería de más de 400 partes móviles. Se puede ver un esquema del mismo en la Figura 1.1.

1.1.1.3 LOS JUGADORES DE AJEDREZ

El turco fue un famosísimo autómata creado por Wolfgang von Kempelen en 1770 que era capaz de jugar al ajedrez de forma autónoma, algo asombroso para la época y que, con el tiempo, demostró ser un fraude, pues era operado por un humano escondido dentro de la estructura (véase la Figura 1.1).

Sin embargo, el reto de lograr un auténtico jugador de ajedrez impulsó la creación de muchos más autómatas con esta tarea, de los cuales uno de los más famosos es *El ajedrecista* del ingeniero español Leonardo Torres-Quevedo, construido en 1912 y que funcionaba mediante electroimanes colocados bajo el tablero de ajedrez.

1.1.1.4 EL HOMBRE DE VAPOR (1868)

La aparición de la máquina de vapor a finales del siglo xviii dio lugar a patentes como la de Z. P. Dederick, el Steam Man[4] (hombre de vapor) de 1868, que mostraba los planos para la construcción de un hombre automático que funcionaba mediante una máquina de vapor y una serie de mecanismos y estaba pensado para sustituir a los caballos que tiraban de los carruajes de la época. Este hombre de vapor, no obstante, no encajaría con la descripción de robot, puesto que no puede pensar ni sentir, únicamente actuar. Un modelo construido se muestra en la Figura 1.1.

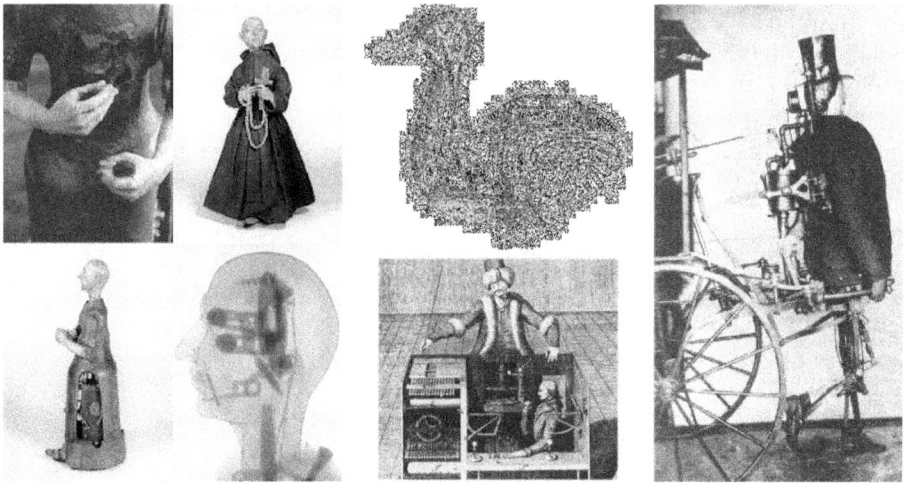

Figura 1.1. Imágenes de autómatas anteriores al siglo xx. De izquierda a derecha y de arriba abajo: El hombre de palo de Turriano, El pato de Vaucanson, El turco de Kempelen y Steam Man de Z. P. Dederick

1.1.2 Máquinas automáticas

Las máquinas automáticas son los precursores de los robots industriales. Mientras que los autómatas trataban de replicar la forma humana o animal, generalmente con un propósito lúdico, las máquinas automáticas se crearon con el propósito práctico de automatizar tareas repetitivas. Algunas de las más famosas son las siguientes.

---

4   *https://www.google.es/patents/US75874*

1.1.2.1 TELAR DE JACQUARD (1801)

Este telar mecánico funcionaba utilizando tarjetas perforadas (igual que los primeros ordenadores de mediados del siglo xx) como las de la Figura 1.2, para tejer patrones complejos en la tela que alimentaba la máquina. Cambiando la tarjeta perforada se cambiaba el patrón de tejido.

Esta máquina poseía dos de las características fundamentales de los robots industriales actuales: realizaba un trabajo físico de modo automático y era reprogramable.

1.1.2.2 MÁQUINA ANALÍTICA (1835)

El matemático Charles Babbage, profesor de matemáticas en Cambridge, ideó y diseñó una calculadora mecánica —programable mediante las tarjetas perforadas ideadas por Jacquard para sus telares— que es considerada por muchos especialistas como la primera computadora de la historia.

Desgraciadamente no pudo terminar su construcción en vida debido a problemas de financiación, aunque en 1991 el Museo de la Ciencia de Londres finalizó una réplica (Figura 1.2) que demuestra la viabilidad del proyecto.

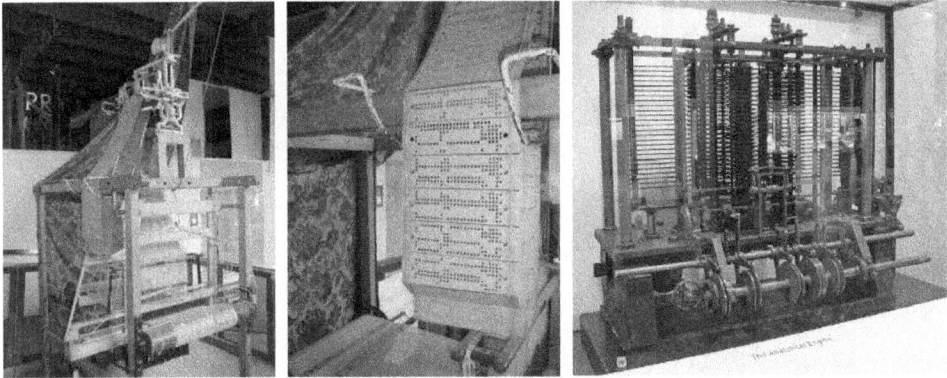

Figura 1.2. Máquinas automáticas. De izquierda a derecha:
Telar de Jacquard y sus tarjetas perforadas y máquina analítica de Babbage

1.1.2.3 LAS TORTUGAS DE GREY WALTER (1951)

Las máquinas electrónicas de William Grey Walter fueron apodadas "tortugas" por su caparazón plástico de forma semiesférica. Consistían en sencillos circuitos electrónicos que se comportaban de manera establecida al chocar con un objeto o al detectar una fuente de luz. Algunos estudiosos de la robótica las consideran el primer robot móvil de la historia, pero, aunque pueden *sentir* y *actuar*, carecen de la facultad de *pensar* y su comportamiento es repetitivo.

Figura 1.3. Una de las tortugas de Grey Walter

1.2 HISTORIA DE LA ROBÓTICA

El término **robot** procede de la voz checa *robota*, que significa "trabajos forzados", y fue acuñado por el escritor checo Karel Čapek para su obra de teatro *Rossum's Universal Robots* (1921), donde unas máquinas de material orgánico reemplazan al hombre en las tareas cotidianas.

Figura 1.4. Portada de la obra de teatro Rossum's Universal Robots y escena de una representación

A su vez, la palabra **robótica** (en inglés, *robotics*) fue acuñada en 1940 por el escritor de ciencia-ficción Isaac Asimov, padre de las tres leyes de la robótica (véase la Figura 1.5) y autor de novelas tan influyentes como *Yo, robot* o la *Trilogía de la fundación*.

> ▶ **1.ª ley**: un robot no debe hacer daño a un ser humano o, por inacción, permitir que un ser humano sufra daño.
>
> ▶ **2.ª ley**: un robot debe obedecer las órdenes dadas por los seres humanos, excepto si estas órdenes entrasen en conflicto con la 1.ª ley.
>
> ▶ **3.ª ley**: un robot debe proteger su propia existencia en la medida en que esta protección no entre en conflicto con la 1.ª o la 2.ª ley.

Figura 1.5. Isaac Asimov y sus tres leyes de la robótica

La ciencia-ficción ha estado muy unida al desarrollo de la robótica y, sobre todo, al conocimiento de la misma por el público general gracias a las novelas de autores como Phillip K. Dick o Arthur C. Clarke; también, y muy especialmente, gracias a películas de gran éxito, como Star Wars, Terminator o Cortocircuito. De hecho, la primera película en la que aparecía un robot de forma humana fue Metrópolis, de Fritz Lang (y se remonta a 1927).

Figura 1.6. Robots famosos de la historia del cine. De izquierda a derecha: Robot de Metrópolis (1927), C3PO y R2D2 de Star Wars (1977), T-800 de Terminator (1984), Johnny 5 de Cortocircuito (1986)

El resto de la sección se dedica a enumerar los hitos fundamentales en la historia de la robótica tomando como punto de partida la creación del primer robot industrial, tal y como se entienden dichos robots en la actualidad.

1.2.1 UNIMATE: El primer robot industrial (1954)

La primera patente[5] de un robot actual fue registrada en 1954 por George C. Devol. Consistía en un brazo mecánico terminado en una pinza que estaba montado sobre unas guías y cuya secuencia de movimientos estaba codificada en un tambor magnético. Este modelo se denominó UNIMATE.

Este dispositivo se ajusta a la definición de robótica del principio del capítulo, puesto que podía *sentir* la pieza que estaba manipulando, *actuar* sobre ella para depositarla en un lugar y, aunque no podía *pensar* por sí mismo, podía ser adaptado para realizar distintas tareas mediante un cambio en la programación contenida en el tambor magnético.

Figura 1.7. Primer robot de la historia (UNIMATE) en acción y planos de diseño

En 1956, George Devol y Joseph Engelberger fundaron la primera compañía de robótica del mundo: Unimation; y, finalmente, tras ser expedida la patente en 1961, se instaló el primer robot industrial en la factoría de General Motors de Trenton (New Jersey, Estados Unidos). Su tarea consistía en manipular piezas de metal muy caliente obtenidas de un proceso de moldeo por fundición.

A partir de ese momento, el desarrollo de los robots industriales fue constante, y su instalación en fábricas y cadenas de producción ha crecido exponencialmente hasta nuestros días.

1.2.2 Stanford Cart (1960)

Fue creado como una plataforma para estudiar la teleoperación (operación a distancia) de un carro móvil en la Luna que se pretendía gobernar desde la Tierra, lo que implicaba un significativo retardo desde el envío de la orden hasta la visualización de la respuesta.

---

5   *http://www.google.com/patents/US2988237*

1.2.3 Stanford Arm (1969)

Primer brazo robótico controlado mediante un computador electrónico, ya que el UNIMATE tan solo tenía una memoria magnética en la que almacenaba las instrucciones, pero no un computador completo.

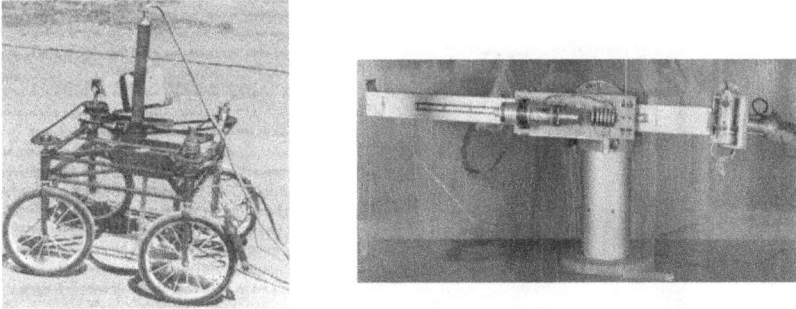

Figura 1.8. Izquierda: Stanford Cart. Derecha: Stanford Arm

1.2.4 Shakey (1970)

Primer robot móvil capaz de razonar autónomamente sobre su entorno y de tomar decisiones; fue, por tanto, reconocido como el primer robot que poseía cierta inteligencia artificial.

1.2.5 Lunokhod I (1970)

Primer *rover* lunar que fue realmente controlado remotamente desde la Tierra.

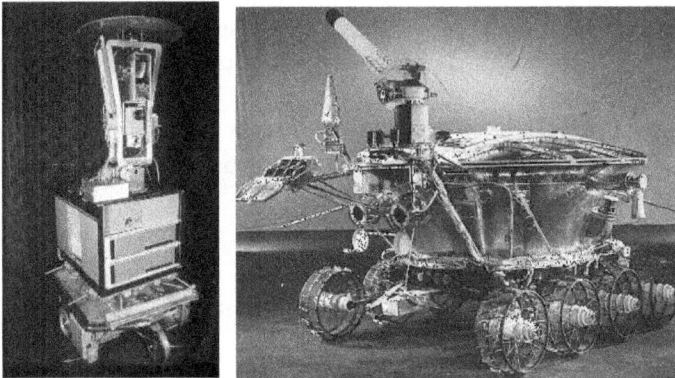

Figura 1.9. Izquierda: Shakey. Derecha Lunokhod I

1.2.6 Primer robot de accionamiento directo (1981)

Takeo Kanade presenta el primer brazo robótico de accionamiento directo. Esto quiere decir que los motores que mueven el robot están directamente colocados en el punto donde ejecutan el movimiento, es decir, que no utilizan mecanismos de transmisión, como correas dentadas o cadenas.

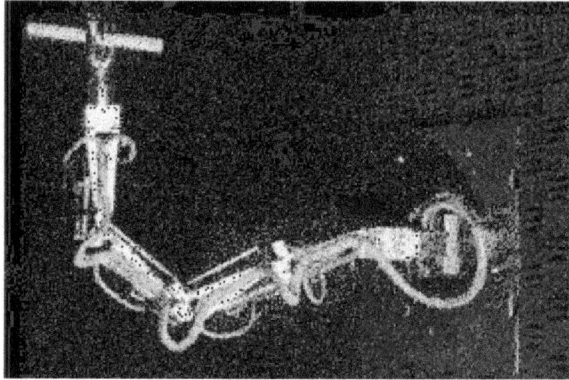

Figura 1.10. Brazo robótico de accionamiento directo

1.2.7 Robots humanoides de Honda (1986)

La empresa japonesa Honda comenzó en 1986 el diseño y construcción de una serie de robots humanoides que desembocaron en el famoso robot ASIMO, presentado en el año 2000. Entre 1986 y 1993 se fabricaron siete modelos de la serie E, que consistía, básicamente, en computadores con dos piernas y la capacidad de andar. Esta serie fue perfeccionándose hasta poder evitar obstáculos o incluso subir escaleras. A partir de 1993 se evolucionó hasta la serie P, en la que el robot poseía brazos además de piernas, cuyo balanceo ayuda a la estabilidad de la caminada. Finalmente, en el año 2000, se lanzó el robot ASIMO (siglas de avance en movilidad innovadora), con un aspecto parecido al de un astronauta y unos movimientos mucho más realistas y versátiles. La Figura 1.8 muestra la evolución de la serie hasta llegar a ASIMO.

Figura 1.11. Robots humanoides Honda. De izquierda a derecha: Serie E, serie P y ASIMO

1.2.8 Genghis (1989)

Genghis fue un microrrobot hexápodo desarrollado en el MIT (Massachusetts Institute of Technology) famoso por ser barato y fácil de construir. Poseía 22 sensores (incluyendo ultrasonidos para detectar objetos), cuatro microprocesadores y 12 servomotores. Fue pionero en la utilización de inteligencia artificial para crear colonias de robots, hoy conocidas como *swarms*.

Figura 1.12. Izquierda: Microrrobot Genghis. Derecha: Emblema de la IARC

1.2.9 International Aerial Robotics Competition (1990-)

Competición de robots voladores autónomos, también llamados **UAV** (del inglés *unmanned aerial vehicle*, o vehículo aéreo no tripulado), en la que se proponen una serie de tareas que deben ser completadas de forma autónoma por el UAV. La primera misión tuvo lugar en 1990 y consistía en llevar un disco metálico de una zona a otra de un campo. No fue completada hasta 1995 por el equipo de la Universidad de Stanford. Actualmente se encuentra en marcha la séptima misión, que estudia la interacción entre UAV y vehículos terrestres.

1.2.10 RoboTuna (1996)

En 1996, el MIT desarrolló el primer robot diseñado con la habilidad de nadar imitando el movimiento de los peces (concretamente de los atunes). Este tipo de robótica, basada en imitar los comportamientos de los animales, se conoce hoy como **bioinspirada** y ha dado lugar a robots lagarto y serpiente, entre otros.

Figura 1.13. RoboTuna, versión del año 2000

1.2.11 Sojourner (1997)

En 1997 aterrizó en la superficie de Marte el *rover* conocido como *Sojourner* (que significa "viajero"). Poseía cámaras delanteras y traseras y un espectrómetro que permitió determinar la composición de la superficie y la atmósfera marcianas, así como efectuar otros importantes experimentos. Desde la Tierra recibía órdenes que cumplía de modo autónomo (la teleoperación directa estaba descartada por el retraso en las comunicaciones). Estaba previsto que estuviese operativo durante siete días, pero estuvo transmitiendo información durante más de 80.

Figura 1.14. Imagen de Sojourner en la superficie de Marte

1.2.12 AIBO (1999)

AIBO fue una mascota robótica desarrollada por Sony que estuvo a la venta hasta 2005, con nuevas versiones cada año, aunque todas tenían forma de perro. Fue el primer robot considerado "robot de entretenimiento", y significó un tremendo avance en lo que se conoce como HRI (del inglés *human-robot interaction*, es decir interacción humano-robot). Posteriormente, otros robots, como Pleo, continuaron con esta línea de robótica de entretenimiento.

Figura 1.15. AIBO, el robot mascota de Sony

1.2.13 Canadarm2 (2001)

Este sistema robótico fue enviado a la ISS (Estación Espacial Internacional) en 2001 para facilitar las tareas de ensamblado y mantenimiento de la misma, y mover cargas de un punto a otro de la estación. Constituye un hito de la robótica industrial, puesto que este brazo robótico puede transportar una carga mayor que su propio peso.

Figura 1.16. Utilización de Canadarm2 durante un paseo espacial

En los últimos 15 años, los avances en robótica, al igual que las inversiones, se han multiplicado, por lo que el número de hitos que podrían incluirse en este texto daría lugar a un libro en sí mismo. Algunos de ellos se comentarán en la Sección 1.3.

1.2.14 Retos DARPA (2004-)

La agencia DARPA (Agencia de Proyectos de Investigación Avanzados de Defensa de Estados Unidos) ha celebrado una serie de competiciones relacionadas con desarrollos tecnológicos relacionados con la robótica que han dado lugar a grandísimos avances técnicos.

1.2.14.1 DARPA GRAND CHALLENGE (2004-2005)

Concretamente los *Grand Challenge* (2004 y 2005) consistieron en diseñar y construir un coche completamente autónomo que pudiese recorrer los 240 km que separan Barstow en California hasta Primm en el estado de Nevada, a través del desierto de Mojave. Para incentivar la participación, la institución vencedora obtenía un premio de un millón de dólares. En 2004 el premio quedó desierto al no terminar ninguno de los automóviles el recorrido, mientras que en 2005 el vencedor de este reto fue *Stanley*, un coche diseñado por la Universidad de Stanford, cuyo equipo estaba dirigido por Sebastian Thrun, una de las mentes más brillantes de la robótica móvil a nivel mundial que ha sido el impulsor de ideas como Google Glass o, más recientemente, Google Car (véase la Sección 1.3.4.3).

Figura 1.17. Izquierda: Imagen de Stanley durante la competición. Derecha: Sebastian Thrun

1.2.14.2 DARPA URBAN CHALLENGE (2007)

En los dos años siguientes, el reto fue modificado para que el automóvil pudiese conducir por una zona urbana interactuando con otros coches, autónomos o conducidos por personas, y siguiendo las normas y señales de circulación. Este reto se denominó *Urban Challenge* y tuvo lugar en 2007; resultó vencedor el equipo de Red Whittaker de Carnegie Mellon University, en Pittsburgh, que obtuvo dos millones de dólares de premio.

Figura 1.18. Caterpillar fue el vencedor del Urban Challenge de 2007

1.2.14.3 DARPA ROBOTICS CHALLENGE (2013-)

Actualmente está en desarrollo el último reto DARPA, consistente en diseñar, construir y programar un robot que tenga las habilidades de un humano y pueda desenvolverse en entornos diseñados para humanos. La competición consta de varias tareas que deberían ser realizadas por un robot que tuviese que desplazarse hasta una zona de riesgo nuclear o biológico a la que no pueden acceder los humanos. De hecho, este proyecto ha sido motivado por la dificultad de introducir un robot en la central nuclear de Fukushima para inspeccionar la zona de los reactores y restaurar la seguridad después del tsunami que golpeó a Japón en 2011 y que dañó seriamente dicha central.

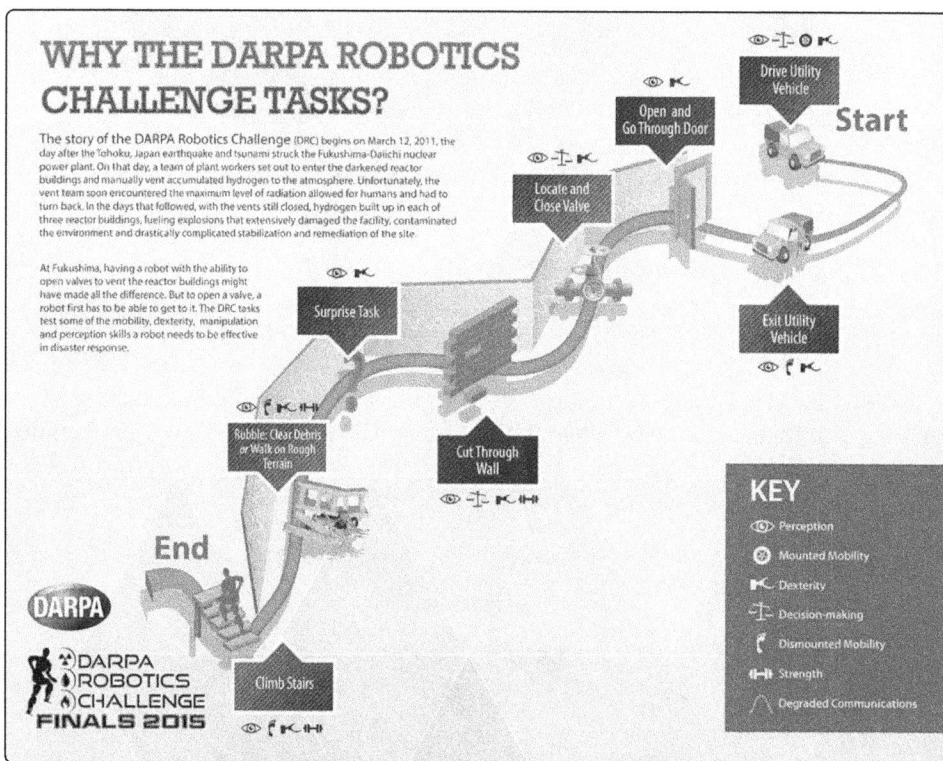

Figura 1.19. Folleto informativo de las tareas requeridas en el DARPA Robotics Challenge

Las tareas que debe realizar son las siguientes:

1. **Vehículo**: el robot debe conducir un vehículo a través de un camino que no es recto para finalmente bajar del vehículo y salir de la zona de conducción.

2. **Puerta**: el robot debe abrir una puerta para acceder a las instalaciones.

3. **Válvula**: el robot debe localizar y cerrar una válvula de tubería.

4. **Pared**: el robot debe extraer una sección de una determinada geometría de una pared de seguridad.

5. **Tarea sorpresa**: el robot debe realizar una tarea desconocida.

6. **Escombros**: el robot debe elegir entre:

   - caminar a través de un terreno heterogéneo y desestructurado
   - remover los escombros que obstaculizan su paso hacia la siguiente tarea.

7. **Escalera**: el robot debe ser capaz de subir por una escalera de mano.

La fase final de este reto se llevará a cabo en junio de 2015 y reunirá a 25 de los equipos de robótica más avanzados del mundo. En la Figura 1.10 se muestran algunos de los robots participantes.

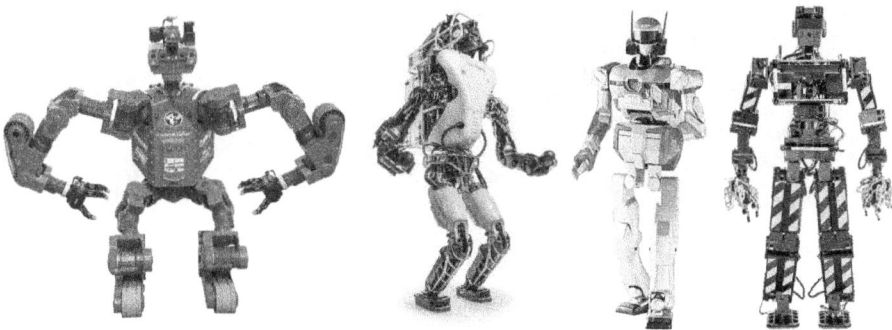

Figura 1.20. Algunos de los robots participantes en el DARPA Robotics Challenge. De izquierda a derecha: CHIMP de CMU y Atlas del MIT (EE. UU.), HRP2+ de AIST (Japón) y Johnny 05 de Darmstadt Univ. (Alemania)

1.3 APLICACIONES ACTUALES

Hoy, los sistemas automáticos están presentes en gran parte de las tareas de la vida cotidiana. Como ya se ha mencionado, los robots son el corazón de la industria, pero además están empezando a incorporarse a nuestras vidas domésticas.

A continuación mostraremos ejemplos reales y actuales de sistemas robóticos que nos sirven hoy y algunas líneas de investigación que se están desarrollando actualmente y en las que se depositan grandes esperanzas para el futuro.

1.3.1 Robótica industrial

Como ya se ha mencionado, la robótica industrial es la parte de la robótica que estudia los robots que se utilizan dentro de las instalaciones industriales, por ejemplo en cadenas de montaje de automóviles o de embotellado de bebidas.

El hombre siempre ha sido un modelo para el desarrollo de estas máquinas, debido en gran medida a que se han utilizado para sustituir, precisamente, al hombre, que era el robot de principios de siglo de las cadenas de montaje (como ilustra la Figura 1.11)

Figura 1.21. Ejemplos de cadena de montaje de automóviles: pasado (humanos) y presente (robots)

Por ello, en su gran mayoría estos robots se diseñan con una cierta similitud al brazo humano, razón por la cual son llamados **antropomórficos**, es decir, con forma humana (según se explicará en el Capítulo 2). En la Figura 1.12 se muestra un robot antropomórfico clásico del fabricante Stäubli.

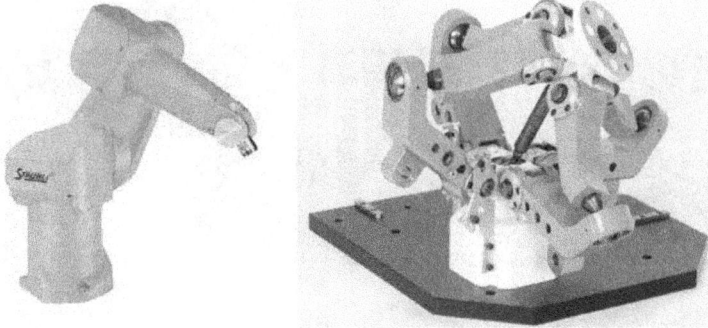

Figura 1.22. Ejemplo de robot industrial antropomórfico (Stäubli RX90) y muñeca robótica (Omni-Wrist VI)

Existen otras configuraciones bastante utilizadas, como la del Flex Picker de ABB que se muestra en la Figura 1.13, configuraciones que, debido a su estructura, tienen una mayor precisión de movimientos, si bien se reduce el campo de trabajo que pueden recorrer. Este tipo de robots son muy utilizados en cadenas de alimentación para empaquetar productos a gran velocidad.

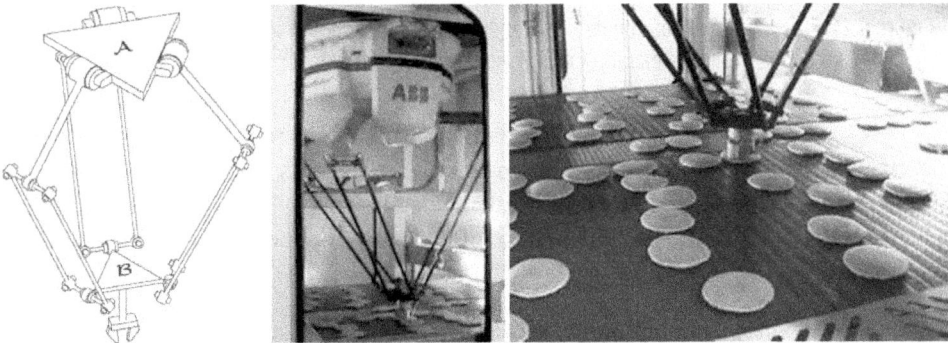

Figura 1.23. Flex Picker de ABB. Robot de gran precisión y gran velocidad utilizado para colocar/alinear/empaquetar objetos en cadenas de transporte

En general, los robots industriales tienen aplicaciones muy útiles que ejecutan de manera ininterrumpida y sin fallos durante horas, días o incluso meses, por lo que deben tener alta precisión y alta repetibilidad en los movimientos, de modo que los productos resultantes de sus operaciones sean lo más homogéneos posible. Existen robots de soldadura, paletizado, pintura, máquina herramienta, corte, etc. Estos se introducen en una cadena de montaje para realizar secuencialmente las tareas de ensamblado y acabado de los productos que finalmente salen de la fábrica. Algunos de ellos se muestran en la Figura 1.14.

Figura 1.24. Ejemplos de aplicación de robots industriales. Superior izquierda: cadena de embotellado; superior derecha: soldadura; inferior izquierda: pintura; inferior derecha: paletizado

Como se puede ver en las imágenes anteriores, la gran mayoría de los robots no trabajan solos, sino en coordinación con otros robots que tienen la misma o distintas funcionalidades. Esto requiere de una labor de programación muy compleja, en especial cuando varios robots deben interactuar simultáneamente con un mismo objeto.

Desgraciadamente, tanto la descripción física como, especialmente, la matemática de estos robots se escapan ampliamente de los contenidos de este libro y del nivel de la enseñanza secundaria, pero puede consultarse cualquier manual básico de robótica de nivel universitario para profundizar en los conceptos descritos.

1.3.2 Robótica de servicios

La robótica de servicios se dedica a la aplicación de la idea primigenia de la robótica (realizar tareas de manera automática) en cualquier otro campo fuera de la industria. Generalmente, si bien los robots industriales están anclados al suelo y se pueden mover con gran precisión dentro de un espacio limitado, los robots de servicio tienen mecanismos de locomoción que les permiten desplazarse por un entorno mucho más amplio, perdiendo a cambio la precisión en los movimientos.

Este desplazamiento ha sido tradicionalmente por tierra, ya que existen modelos de robots móviles a muy bajo coste desde hace más de una década. Sin embargo, en los últimos años están proliferando los robots voladores, denominados drones. Estos drones, en especial los cuadrocópteros (del inglés *quadcopters*), que generan el movimiento mediante cuatro hélices de empuje vertical, han reducido drásticamente su precio hasta estar al alcance de la gran mayoría de la población, por lo que están ganando gran popularidad. Ejemplos de ambos se muestran en la Figura 1.15.

Figura 1.25. Ejemplos de robots de bajo coste. Izquierda: renacuajo de BQ. Derecha: AirDrone 2.0 de Parrot

1.3.3 Problemática

La problemática de la robótica de servicios tiene que ver con los tres conceptos incluidos en la definición de robot: sentir, actuar y pensar.

1.3.3.1 DESPLAZAMIENTO (*ACTUAR*)

La propiedad de moverse por un entorno presenta dificultades considerables. El simple **acto de desplazarse** implica el diseño de un sistema de locomoción que permita superar los obstáculos que existan en el entorno: un robot puede moverse eficientemente por un suelo liso utilizando ruedas, pero no así por un entorno pedregoso, como necesitaría hacer un robot en tareas de rescate en terremotos, por ejemplo, en cuyo caso el uso de orugas o patas es más adecuado.

1.3.3.2 CONOCIMIENTO DEL ENTORNO (*SENTIR*)

El siguiente reto es **conocer el entorno** por el que debe desplazarse. Este conocimiento puede ser local, si se basa en utilizar sensores para detectar obstáculos cercanos, por ejemplo paredes; o global, cuando tiene un mapa completo del entorno. El conocimiento local, de hecho, puede ser utilizado para construir un mapa global. A este proceso se le conoce como **mapeado**.

Evidentemente, si el robot ya tiene un mapa, el siguiente paso lo constituye **conocer su posición** dentro del mapa. Este proceso se llama **localización** y puede realizarse manualmente mediante la colocación del robot en una posición concreta antes de empezar el desplazamiento, o bien mediante la detección de balizas, que son puntos con características especiales que pueden ser detectados mediante algún tipo de sensor y que sirven de referencia. Estas balizas pueden ser activas, cuando emiten energía para su detección (como, por ejemplo, un satélite GPS), o pasivas, si no la emiten (como, por ejemplo, una señal de tráfico que nos indica el camino correcto).

De hecho, los procesos de mapeado y localización se realizan en muchas ocasiones de forma conjunta, dando lugar a lo que se conoce como **SLAM** (del inglés *simultaneous localization and mapping*, es decir **localización y mapeado simultáneo**), que es un proceso por el cual el propio robot, al desplazarse por el entorno, va generando un mapa provisional que actualiza a medida que adquiere nuevos datos con sus sensores, como en la Figura 1.16.

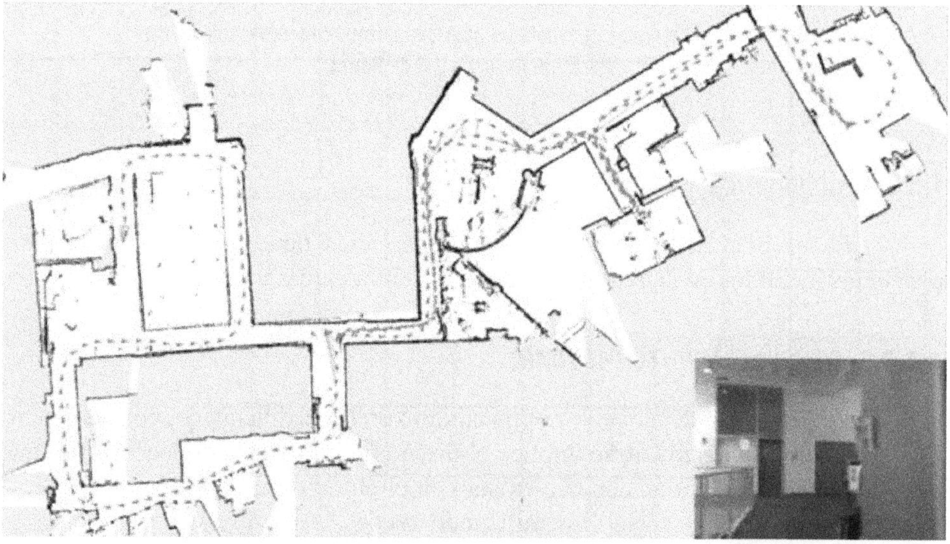

Figura 1.26. Ejemplo de SLAM utilizando un Microsoft Kinect montado a bordo de un robot móvil

1.3.3.3 ADAPTACIÓN E INTERACCIÓN CON EL ENTORNO (*PENSAR*)

Pero, sin duda, el mayor de todos estos retos es desplazarse por lo que se conoce como un **entorno no estructurado**. Los robots industriales desarrollan su tarea en el mismo sitio y bajo las mismas circunstancias desde la instalación hasta que son sustituidos por fallo u obsolescencia. Además, su tarea se reduce a una secuencia de movimientos programados previamente y realizados en un entorno conocido y controlado en el que se evitan colisiones con elementos de dicho entorno o con otros robots. Un robot de servicios, sin embargo, tendrá que moverse por un entorno no acotado en el que se encontrará objetos móviles o personas con los que interactuar o realizar tareas y que no siempre se comportarán de igual manera, por lo que debe ser capaz de reaccionar ante situaciones no planificadas previamente.

La gran ventaja de estos robots es su versatilidad, que le permite realizar tareas muy diversas. Así, podemos encontrar campos de aplicación tan dispares como agricultura, rescate, limpieza, vigilancia, transporte o incluso exploración espacial.

1.3.4 Aplicaciones

El rango de aplicaciones de la robótica de servicios es tremendamente amplio. A continuación veremos unos cuantos ejemplos motivadores por su utilidad y/o dificultad.

1.3.4.1 AGRICULTURA

Las tareas del campo suelen ser pesadas y repetitivas, por lo que deberían ser altamente automatizables. De hecho, para facilitar estas tareas se han diseñado tractores, cosechadoras y vibradores de sarmientos (para vendimia automática) o de olivos (para recogida de aceituna), pero todos ellos necesitan del control de una persona para realizar su tarea, por lo que no pueden ser considerados robots.

La automatización total de estas tareas presenta grandes dificultades técnicas, aunque en los últimos años se están produciendo avances en este sentido y se han creado las primeras versiones comerciales de recolectoras automáticas o robots para viveros automatizados. Se muestran dos ejemplos en la Figura 1.17.

Figura 1.27. Izquierda: recolectora automática de fresas (Agrobot). Derecha: vivero automatizado (Harvest Automation)

1.3.4.2 LIMPIEZA

La limpieza del hogar es otra de esas tareas pesadas que todos debemos llevar a cabo en nuestros hogares. Por ello, se ha convertido en uno de los motores económicos de la revolución de la robótica de servicios.

1.3.4.2.1 Limpieza del hogar: Roomba

La empresa americana iRobot lanzó al mercado en el año 2002 su robot aspiradora **Roomba**, un robot completamente autónomo que contaba con un algoritmo de SLAM que le permitía generar un mapa de la casa que estuviese limpiando para saber los puntos por los que había pasado anteriormente y cuáles tenía que volver a recorrer para asegurar la limpieza. En febrero de 2014 ya se habían vendido más de 10 millones de unidades de este robot, lo que da una idea del volumen de negocio que maneja.

Figura 1.28. Robot Roomba de última generación y ejemplo de movimiento por una superficie

Además de este grandísimo éxito de la robótica en las tareas cotidianas, existen robots para limpieza de fondos de piscinas, limpieza de canalones, corte de césped o encerado de suelos.

1.3.4.2.2 Limpieza de superficies marinas: Seaswarm

Un caso especial de robot de limpieza es el desarrollado en el MIT para limpiar superficies marinas. Este robot permite recolectar manchas de petróleo o productos contaminantes similares de las superficies marinas con una grandísima eficiencia, de modo que se reduzca el daño ecológico producido, por ejemplo, por el hundimiento de buques petroleros.

Figura 1.29. Prototipo de Seaswarm en operación e infografía de la operación de limpieza en grupo

1.3.4.3 TRANSPORTE

Varios medios de transporte (por ejemplo trenes o aviones) tienen un alto grado de automatización desde hace décadas gracias a los pilotos automáticos, aunque necesitan supervisión humana en todo caso. Sin embargo, la robótica está siendo aplicada al transporte de pasajeros en automóviles para desarrollar coches autónomos; y ello gracias, en gran medida, al apoyo de multinacionales como Google.

1.3.4.3.1 Transporte de pasajeros: Google Car

En esta empresa se ha desarrollado el proyecto *Google Driverless Car* (automóvil sin conductor de Google), un coche automático que puede desenvolverse en entornos urbanos siguiendo la señalización de tráfico gracias a un conjunto de sensores muy avanzado. En 2012 se descubrió un primer modelo de este coche automático basado en un automóvil comercial de tipo turismo (Toyota Prius), mientras que en 2014 se mostró un vehículo específicamente diseñado para funcionar sin conductor. Google pretende sacar el coche autónomo a la venta para el gran público en el año 2017. Este es, probablemente, el proyecto que más atención mediática ha recibido, pero empresas automovilísticas como Audi o BMW están trabajando también en sus propios proyectos de coches autónomos.

Figura 1.30. Izquierda: primera generación de Google Car adaptando un coche comercial (Toyota Prius). Derecha: nuevo modelo específicamente diseñado para ser autónomo (sin volante ni pedales)

1.3.4.3.2 Transporte de mercancías: Kalmar y Amazon PrimeAir

Además del transporte de pasajeros, el transporte de mercancías automatizado está sufriendo un notable desarrollo. Existen sistemas automatizados de transporte en puertos de todo el mundo, como el de Malta, que mueven de forma automática contenedores de hasta 65 toneladas. Mucho más rompedor y futurista es el proyecto de Amazon, la gran empresa de venta por Internet, de reparto de paquetes utilizando flotas de cuadrocópteros. Sin embargo, los problemas de seguridad de los propios robots y las dificultades legales de ocupación del espacio aéreo están demorando, quizás indefinidamente, esta idea.

Figura 1.31. Izquierda: sistema AutoStrad de manejo automático de contenedores en puertos. Derecha: prototipo de reparto de paquetes de Amazon utilizando drones (Amazon PrimeAir)

1.3.4.4 ALMACENES AUTOMÁTICOS

Asociados al transporte, aunque más exactamente al almacenaje de gran cantidad de materiales, existen varias soluciones asociadas a la robótica, denominadas comúnmente almacenes automáticos.

1.3.4.4.1 Robots cartesianos

Parte de estos sistemas de almacenamiento de mercancías están basados en robots de tipo industrial, concretamente en robots cartesianos de grandes dimensiones capaces de desplazarse rápidamente por pasillos estrechos y a grandes alturas mediante unas guías de gran tamaño, lo que permite optimizar el espacio, como se observa en la Figura 1.22.

1.3.4.4.2 Robots móviles

Adicionalmente, existen otras soluciones basadas en robots móviles que se coordinan (en ocasiones hasta formar enjambres del orden de mil robots) para optimizar el reparto de mercancías dentro de una nave almacén. Probablemente el fabricante más conocido de este tipo de sistemas sea KIVA Systems, empresa creada en 2006 y adquirida en 2012 por el gigante de Internet Amazon a cambio de la friolera de 775 millones de dólares. Esto da una idea del volumen de negocio que tiene en la actualidad esta actividad.

Figura 1.32. Izquierda: almacén automático con robots cartesianos. Derecha: almacén automático de KIVA Systems

1.3.4.5 EXPLORACIÓN

Este tipo de robots se pueden desenvolver por entornos inaccesibles para el hombre, como tuberías, volcanes o lugares en los que existe riesgo biológico.

Uno de los primeros robots de este tipo fue *Dante*, un robot octópodo desarrollado por CMU que se utilizó como explorador de volcanes. Su objetivo era obtener muestras de gas y de roca, muy apreciadas por los vulcanólogos, en entornos de muy altas temperaturas peligrosas para los humanos.

En otro ámbito distinto tenemos la gama Versatrax, un robot con locomoción de oruga que es capaz de reconfigurarse para adaptarse al entorno que tiene que recorrer; puede superar obstáculos o introducirse en tuberías.

Finalmente, existen robots de exploración submarina, denominados AUV (del inglés *autonomous underwater vehicles*, es decir, vehículos submarinos autónomos). Por ejemplo, Bruie, utilizado en la exploración del océano bajo superficies heladas, como las de los icebergs.

Figura 1.33. Robots exploradores. De izquierda a derecha: Dante, Versatrax y Bruie

1.3.4.6 EXPLORACIÓN ESPACIAL

Un ejemplo extremo de la importancia de la autonomía y la toma de decisiones de los robots móviles autónomos es el de los **Mars rovers** (vehículos todoterreno utilizados para la exploración de Marte), que son enviados a un entorno completamente desconocido donde deben ser capaces de desenvolverse de manera autónoma, puesto que controlarlos desde la Tierra supondría, de media, un retraso de unos nueve minutos desde que se solicita un movimiento hasta que se recibe la respuesta desde Marte.

Figura 1.34. De izquierda a derecha: Spirit/Opportunity, Sojourner (el más pequeño) y Curiosity (el mayor)

1.3.4.7 BIOINSPIRADOS

Los robots bioinspirados son robots que están basados en animales; y su comportamiento, en la naturaleza. Aún son productos principalmente de laboratorio y están en fase de experimentación. Así, por ejemplo, existen robots de tipo serpiente que están formados por una serie de módulos encadenados que dan lugar a patrones de movimiento gracias a los movimientos individuales de cada módulo. Algunos de estos modelos pueden desplazarse por el agua. También existen robots con patrones de movimiento similares a los lagartos del desierto, que les permiten moverse ágilmente por entornos arenosos. Se muestran dos ejemplos en la Figura 1.25.

Figura 1.35. Robots con locomoción bioinspirada. Izquierda: robot serpiente. Derecha: robot lagarto

Probablemente el robot bioinspirado más conocido sea BigDog, un robot cuadrúpedo construido por la empresa americana Boston Dynamics y diseñado para servir de transporte de carga a los grupos de infantería del Ejército estadounidense. Posee la capacidad de moverse por cualquier tipo de terreno, incluso sobre hielo, manteniendo la estabilidad en todo momento. Actualmente Boston Dynamics también tiene un prototipo muy avanzado de robot humanoide llamado Atlas, con el que participan varios equipos en el DARPA Robotics Challenge. Ambos prototipos se muestran en la Figura 1.26.

Figura 1.36. Robots bioinspirados de Boston Dynamics. Izquierda: BigDog. Derecha: Atlas

1.3.4.8 CIRUGÍA

Una excepción a las características comunes de los robots de servicios (pérdida de precisión a cambio de desplazamiento por un entorno) la constituyen los robots quirúrgicos, puesto que necesitan una altísima precisión para realizar operaciones quirúrgicas con resultados exitosos. De hecho, estos robots guardan más parecido con sus primos de la industria que con el resto de robots de servicios.

El modelo más conocido es el sistema Da Vinci, que se puede ver en la Figura 1.27. Tiene dos cometidos fundamentales: reducir la invasividad de la operación y eliminar la vibración de la mano del cirujano en el instrumental utilizado.

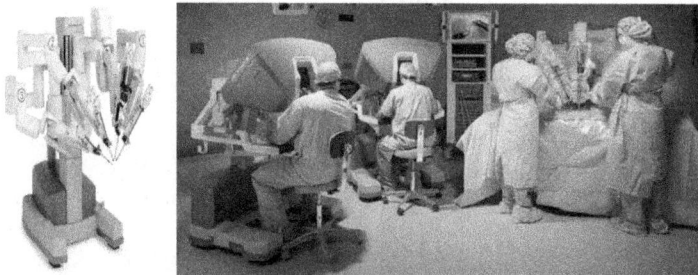

Figura 1.37. Sistema robótico Da Vinci y cirujanos operando a un paciente

1.3.4.9 OTRAS APLICACIONES

Existe tal cantidad de robots con una variedad de aplicaciones tan grande que resultaría demasiado extenso enunciarlos todos con sus ejemplos en este libro. Daremos sin embargo una lista de aplicaciones para que los alumnos interesados puedan buscar información al respecto:

▼ Robots de **entretenimiento**: Pleo, KeepOn, RoboSapien.

▼ Robots **enjambre** o **colaborativos**: CoCoRo, Harvard TERMES, Swarmanoid, RoboSoccer.

▼ Robots de **vigilancia**: Knightscope K5, PatrolBot, SDR Mastiff.

▼ Robots **militares** y de **detección de explosivos**: Foster-Miller TALON, iRobot Packbot.

▼ Robots de **asistencia**: TAO7, iBot Mobility System.

▼ Robots **guía de museo**: REEM, Minerva.

1.3.5 Expectativas

En 2007 Bill Gates declaró lo siguiente: "Cuando veo las tendencias que comienzan a surgir, puedo visionar un futuro en el que los sistemas robóticos estarán en todas partes de nuestra vida diaria. Los retos a los que se enfrenta la industria de la robótica son similares a los que acometimos en la informática tres décadas atrás"[6].

Las investigaciones de la Japan Robotics Association (JRA), la United Nations Economic Comission y la International Federation of Robotics (IFR) indican que el mercado de la robótica personal y de servicio crecerá excepcionalmente en los próximos años. En 2005, la JRA predijo que, en 2025, la industria de la robótica generaría más de 50.000 millones de euros cada año en el mundo. Estas cifras han sido revisadas por un estudio de mercado del Boston Consulting Group[7] que eleva dicha previsión a más de 65.000 millones de euros en la misma fecha, según se puede ver en el gráfico de la Figura 1.28. En menos de diez años se han incrementado las expectativas en más de un 30%.

---

6   *A robot in every home*, Bill Gates. Revista *Scientific American*, Enero de 2007

7   *The rise of robots*, Boston Consulting Group, 2014.

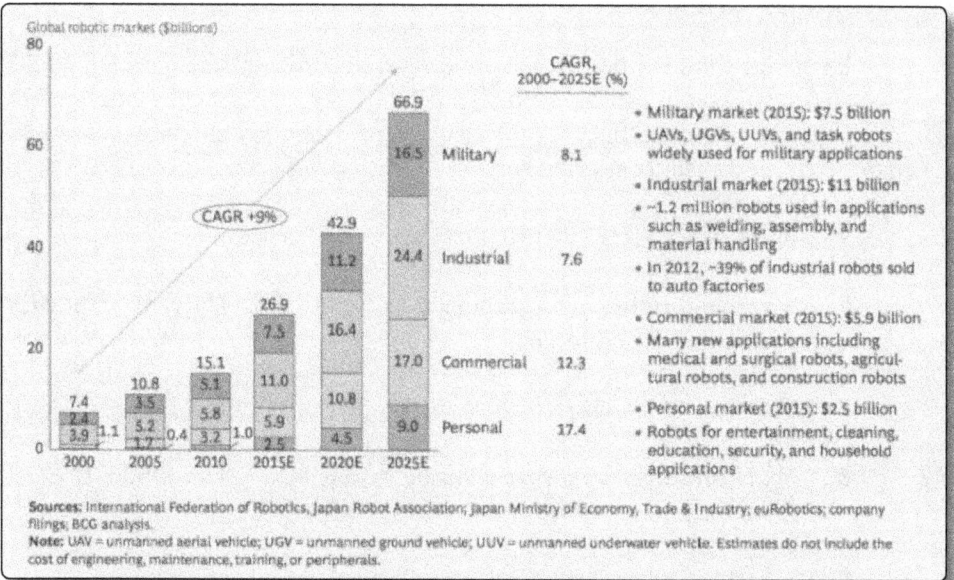

Figura 1.38. Evolución del mercado de la robótica entre 2000 y previsiones hasta 2025

No es de extrañar que multinacionales como Google hayan comenzado a posicionarse en la que se espera sea la revolución del siglo xxi mediante la adquisición de algunas de las empresas más importantes en I+D relacionado con la robótica, como Redwood Robotics, dedicada al diseño de brazos robóticos de bajo coste; Schaft, una empresa de diseño de humanoides que ha brillado en las pruebas clasificatorias del DARPA Robotics Challenge; e incluso Boston Dynamics, la empresa con mayor proyección y más impacto mediático en el mundo de la robótica gracias a sus diseños para aplicaciones militares, como BigDog o Atlas (Figura 1.26).

1.4 ELEMENTOS DE UN SISTEMA ROBÓTICO

En general, un sistema robótico, con independencia del tipo que sea, contiene los siguientes bloques (véase la Figura 1.29):

1.4.1 Alimentación

Consiste en los circuitos electrónicos que se encargan de proporcionar la energía eléctrica necesaria a todos los elementos del sistema para que puedan realizar sus tareas. Se suele dividir en dos partes:

▶ **Etapa de potencia**: son dispositivos electrónicos capaces de transferir corrientes considerables que sirven para mover los elementos mecánicos, que necesitan mucha energía para funcionar.

▶ **Etapa de control**: estos dispositivos alimentan los elementos inteligentes y suelen utilizar corrientes muy pequeñas en las que es importante eliminar, en la medida de lo posible, el ruido eléctrico para que la información se transmita sin errores.

1.4.2 Percepción (*sentir*)

Son los dispositivos que nos permiten medir variables relevantes para conocer el estado interno del robot (como la carga de las baterías), así como obtener información del entorno que le rodea (como la distancia a un obstáculo próximo). Se explicarán en detalle en el Capítulo 3.

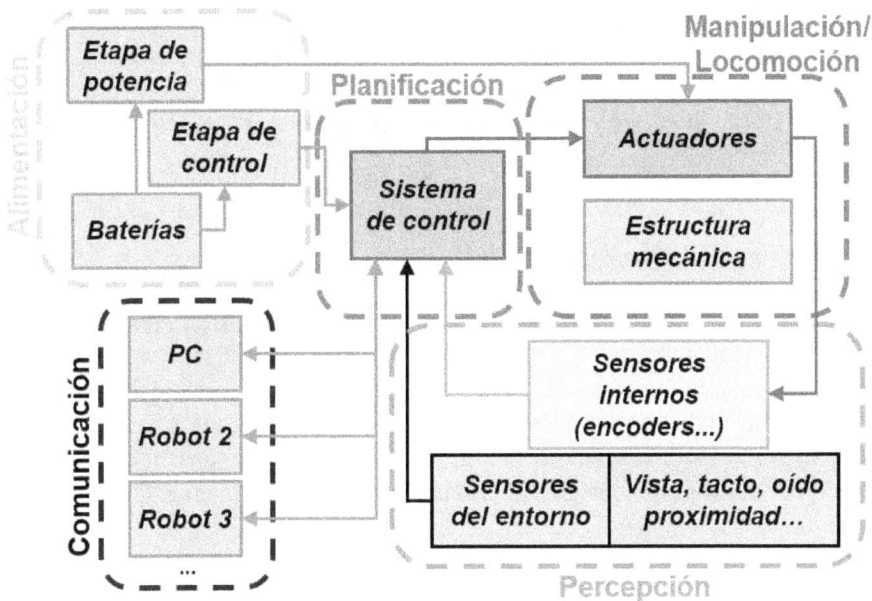

Figura 1.39. Partes integrantes de un sistema robótico

1.4.3 Manipulación/Locomoción (*actuar*)

Son los elementos encargados de producir movimiento en el robot, así como la estructura mecánica que los contiene. Dicho movimiento puede usarse tanto para interactuar con objetos (manipulación) como para desplazarse por el entorno (locomoción). La estructura mecánica se detallará en el Capítulo 2, mientras que los elementos que producen el movimiento se explicarán en el Capítulo 4.

1.4.4 Comunicaciones

Son los elementos que permiten intercambios de información:

▶ **Entre elementos del propio robot**: por ejemplo en la coordinación de los motores de un robot industrial para realizar un arco de soldadura con una determinada trayectoria.

▶ **Entre distintos robots**: para realizar tareas colaborativas. Un ejemplo muy atractivo es el de los equipos de fútbol de robots, que deben conocer la posición de sus compañeros para poder pasarles el balón.

▶ **Entre el robot y un sistema informático**: por ejemplo en un robot de vigilancia, de modo que pueda dar la señal de alarma.

1.4.5 Planificación (*pensar*)

Es el cerebro del sistema robótico y utiliza la información obtenida a través de los sensores o de las comunicaciones para decidir cuál será la siguiente acción que se debe realizar y transmitir las órdenes adecuadas a los actuadores. Los microcontroladores (o microprocesadores en sistemas más avanzados) son los encargados de realizar esta planificación en función del comportamiento deseado y diseñado por el programador. Su funcionamiento se explicará en el Capítulo 5.

2

MORFOLOGÍA DE LOS ROBOTS

2.1 INTRODUCCIÓN

La morfología (proveniente del griego μορφο- [*morfo-*] "forma", y -λογία [*-loguía*] "tratado", "estudio", "ciencia") es la disciplina que estudia la generación y las propiedades de la forma y se aplica en prácticamente todas las ramas del diseño. Por lo tanto, en este capítulo estudiaremos la forma y diseño de los robots.

Podemos realizar una división morfológica en función del tipo de robot. Por un lado están los robots manipuladores, que permanecen anclados en una posición. Por otro encontramos los robots móviles, que pueden moverse por el entorno. A continuación hablaremos de las morfologías más habituales y de las ventajas e inconvenientes de cada una ellas.

2.2 ROBOTS MANIPULADORES

Los robots manipuladores son los robots que comúnmente nos encontramos en la industria. Realizan tareas muy variadas, como pintar, soldar, mover objetos o ensamblar.

La estructura mecánica de un robot manipulador está compuesta de dos elementos fundamentales:

- **Eslabones**: elementos, generalmente rígidos, que sirven como estructura al robot. Habitualmente son piezas de acero.
- **Articulaciones**: elementos que unen los eslabones y les dan movilidad.

En la Figura 2.1 puede verse un ejemplo de una estructura con dos eslabones y una articulación.

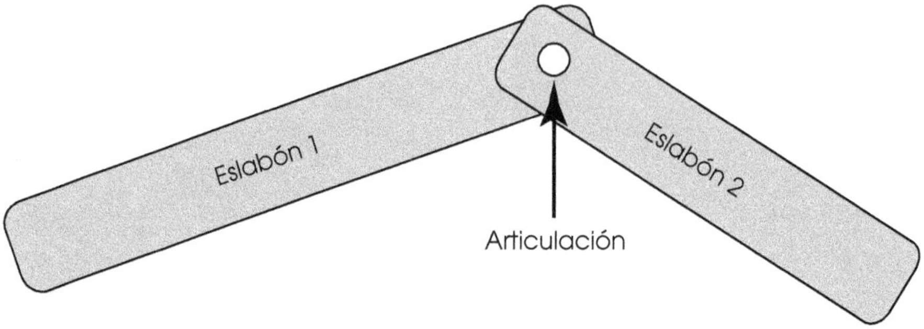

Figura 2.1. Ejemplo de dos eslabones con una articulación

A partir de los eslabones y las articulaciones se construyen las diferentes partes del robot, que podemos dividir en:

▼ **Brazo**: estructura mecánica que proporciona movilidad. Permite al robot aproximarse al objeto sobre el que se desea trabajar.

▼ **Muñeca**: estructura mecánica que proporciona destreza. Permite al robot posicionarse y orientarse de forma precisa sobre el objeto una vez que el brazo ha hecho la aproximación.

▼ **Elemento terminal**: herramienta que realiza una acción. Pueden ser pinzas, soldadores, equipos de pintura, etc. Es el elemento que ejecuta la operación sobre el objeto. Por ejemplo, si se desea pintar el chasis de un coche, sería la pistola de pintura situada en el extremo del robot.

En la Figura 2.2 podemos ver todos los componentes anteriormente mencionados en el esquema de un robot real (Stäubli RX90). En la muñeca, aunque no aparecen señalados, también existen eslabones y articulaciones.

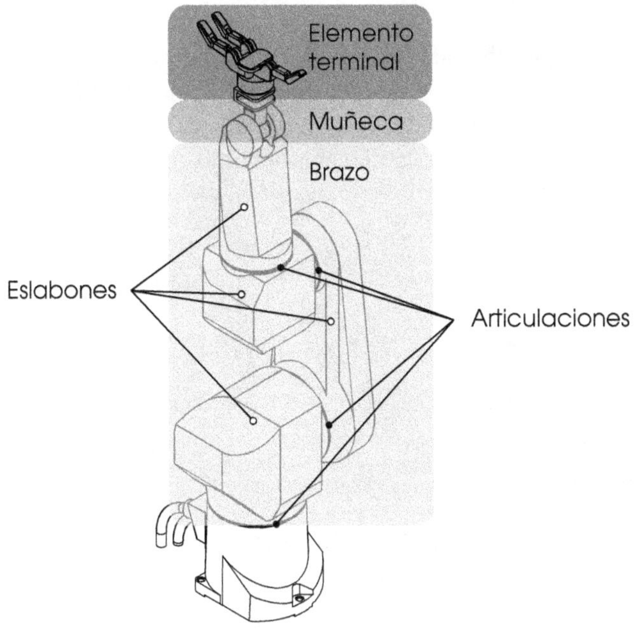

Figura 2.2. Elementos de un robot manipulador

2.2.1 Tipos de articulaciones

Anteriormente se dijo que la movilidad de un manipulador se obtiene de las articulaciones. Estas pueden ser de dos tipos:

▶ **Prismática** (o de traslación): permite a los eslabones moverse en direcciones perpendiculares entre sí (véase la Figura 2.3 izquierda).

▶ **Rotacional** (o de revolución): permite a los eslabones rotar entre ellos (véase la Figura 2.3 derecha).

Por lo general los robots están diseñados con articulaciones rotacionales, ya que son más compactas y precisas.

2.2.2 Grados de libertad

Los grados de libertad (GDL) de un robot nos indican el número de movimientos independientes que pueden realizar. Para entenderlo mejor podemos fijarnos en la Figura 2.3. El robot de la izquierda solo tiene un movimiento, por lo que tiene 1 GDL, mientras que el de la derecha tiene dos movimientos independientes, por lo que tiene 2 GDL.

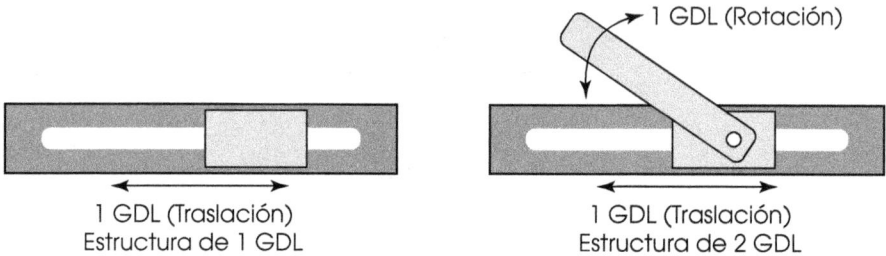

1 GDL (Rotación)

1 GDL (Traslación)
Estructura de 1 GDL

1 GDL (Traslación)
Estructura de 2 GDL

Figura 2.3. Ejemplo de sistema con 1 y 2 GDL

2.2.3 Cadena cinemática abierta y cerrada

A la estructura mecánica que surge de unir todas las articulaciones con los eslabones se le llama también cadena cinemática (nosotros lo llamamos robot). Lo normal es que los robots sean cadenas abiertas (Figura 2.4 izquierda) en donde se ponen articulaciones una tras otra. En este caso el número de GDL de un robot corresponde al número de articulaciones. Cuando una articulación está unida a varios eslabones (como el ejemplo de la Figura 2.4 derecha), se le llama cadena cerrada. En este caso el número de GDL no corresponde al número de articulaciones.

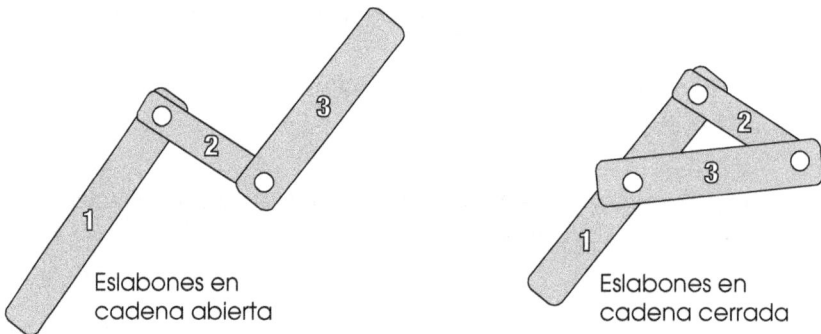

Eslabones en
cadena abierta

Eslabones en
cadena cerrada

Figura 2.4. Eslabones en cadena abierta y cerrada

2.2.4 Variables de estado

Las variables de estado nos indican la posición y orientación del extremo del robot. En un espacio de 3 dimensiones la posición viene indicada por 3 variables (posición en X, en Y y en Z) y la orientación en otras tres variables (orientación en X, en Y y en Z). Pues bien, si se quiere que un robot sea capaz de orientar y posicionar su extremo o herramienta hace falta que tenga un número igual de GDL que de variables de estado. Por eso la mayoría de los robots industriales tienen 6 GDL. Si se emplean más grados de libertad que variables de estado, se considera que el manipulador es redundante. Un ejemplo de un robot de 7 GDL es el KUKA LBR IIWA 14 R820.

2.2.5 Espacio de trabajo

El espacio de trabajo representa la parte del entorno que el manipulador puede alcanzar con su herramienta. Su forma y el volumen dependerán de la estructura del manipulador y de los límites mecánicos de las articulaciones.

2.2.6 Tipos de manipuladores

Los manipuladores se pueden clasificar (véase la Tabla 2.1) en función del tipo de articulaciones que tienen sus brazos.

Manipulador	Articulaciones en el brazo
Cartesianos	3 prismáticas
Cilíndricos	1 rotacional y 2 prismáticas
Esféricos	2 rotacionales y 1 prismática
SCARA	2 rotacionales y 1 prismática (todos los ejes paralelos)
Antropomórficos	3 rotacionales

Tabla 2.1. Tipos de brazos manipuladores

2.2.6.1 ROBOTS MANIPULADORES CARTESIANOS

Los manipuladores **cartesianos** se caracterizan por:

▼ Presentar una geometría compuesta por tres articulaciones prismáticas, tal y como puede observarse en la Figura 2.5.

▼ Los ejes de las articulaciones usualmente son ortogonales entre sí.

▼ El GDL de cada articulación se corresponde con una variable X, Y o Z.

▼ Tienen una gran rigidez mecánica.

▼ El espacio de trabajo viene definido por un paralelepípedo rectangular.

▼ Tiene una gran precisión.

▼ Destreza muy limitada, dado que todas las articulaciones son prismáticas, lo que obliga a que si se desea manipular un objeto haya que aproximarse desde un lado.

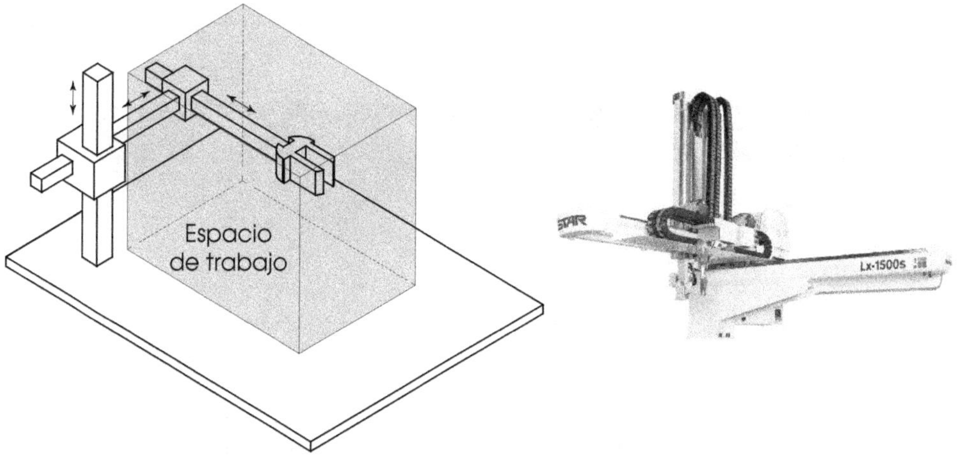

Figura 2.5. Manipulador cartesiano.
Ejemplo STAR Lx-1500s para inyección en moldes

2.2.6.2 ROBOTS MANIPULADORES CILÍNDRICOS

Los manipuladores **cilíndricos** se caracterizan por:

▸ Cada GDL corresponde con una variable del espacio en coordenadas cilíndricas. Las coordenadas cilíndricas, como vemos en la Figura 2.6, definen la posición de un punto del espacio mediante un ángulo, una distancia horizontal y una distancia vertical.

▸ Presentar una geometría compuesta por tres articulaciones, la primera rotacional y las dos siguientes prismáticas, una en horizontal y otra en vertical (como puede observarse en la Figura 2.7).

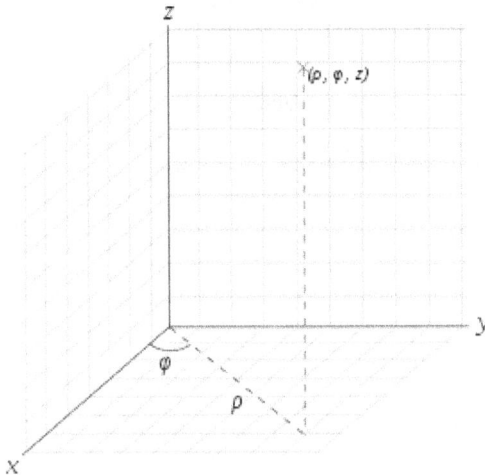

Figura 2.6. Coordenadas cilíndricas

▸ Tiene una buena rigidez y la precisión es variable (cuanto más se desplace en horizontal, peor).

▸ El espacio de trabajo es parte de un cilindro. Normalmente no es completo debido a las limitaciones mecánicas en el recorrido de la primera articulación.

▸ Generalmente se utilizan para transportar objetos.

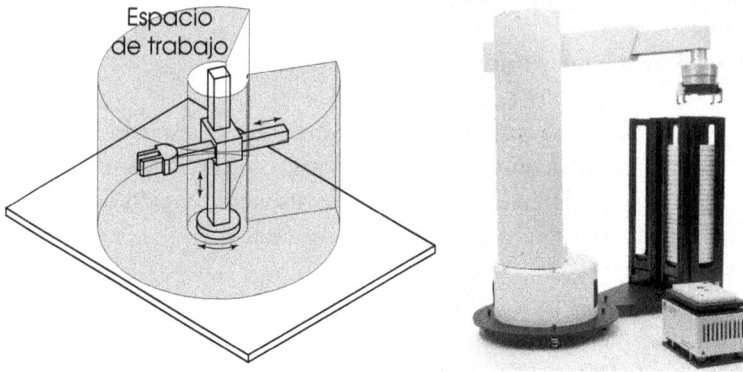

Figura 2.7. Manipulador cilíndrico. Ejemplo Hudson PlateCrane para movimiento automático de probetas en laboratorios

2.2.6.3 ROBOTS MANIPULADORES ESFÉRICOS

Los manipuladores **esféricos** se caracterizan por:

▼ Cada GDL se corresponde con una variable del espacio en coordenadas esféricas. Las coordenadas esféricas definen la posición de un punto del espacio mediante dos ángulos y una distancia radial (véase la Figura 2.8).

▼ Presentar una geometría compuesta por tres articulaciones, las dos primeras rotacionales y la tercera prismática, tal y como puede observarse en la Figura 2.9.

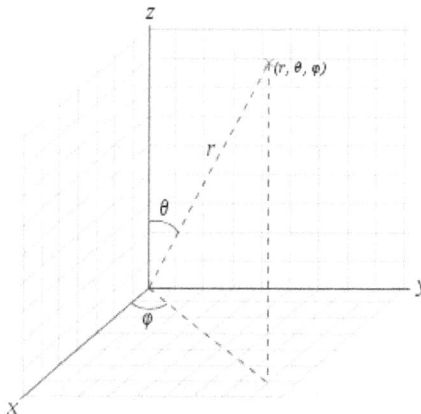

Figura 2.8. Coordenadas esféricas

▼ La rigidez mecánica es menor y la complejidad mecánica es mayor que la de las configuraciones anteriores.

▼ La precisión del posicionamiento de la muñeca disminuye con el avance del recorrido radial.

▼ El espacio de trabajo es parte de una esfera.

▼ Por lo general se emplean en fabricación.

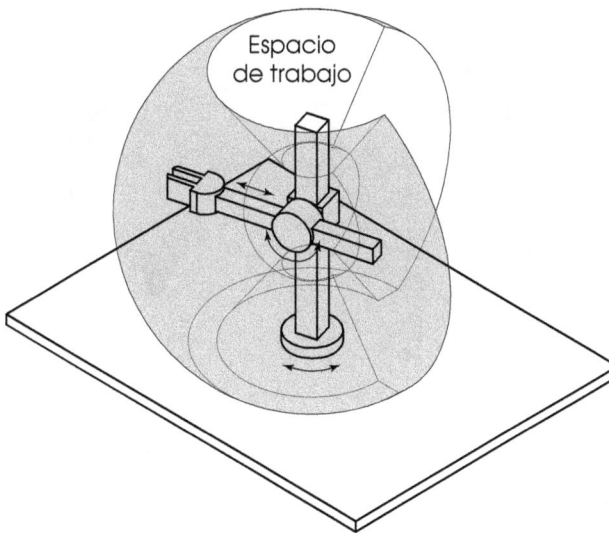

Figura 2.9. Manipulador esférico

2.2.6.4 ROBOTS MANIPULADORES SCARA

Los manipuladores **SCARA** reciben su nombre del acrónimo inglés de *selective compliance assembly robot arm*, que podría traducirse como "brazo robótico con adaptabilidad selectiva". Se caracterizan por:

▼ Presentar una geometría compuesta por tres articulaciones, las dos primeras rotacionales y la tercera prismática, tal y como puede observarse en la Figura 2.10. La disposición es distinta al esférico, ya que en este caso todos los ejes de movimiento son paralelos.

▼ Tener gran rigidez para cargas verticales y flexibilidad para las cargas horizontales.

▼ El posicionamiento preciso de la muñeca disminuye con el aumento de la distancia entre esta y la primera articulación.

▼ El espacio de trabajo habitual en este tipo de robots puede verse también en la Figura 2.10.

▼ Permiten el manejo de objetos pequeños.

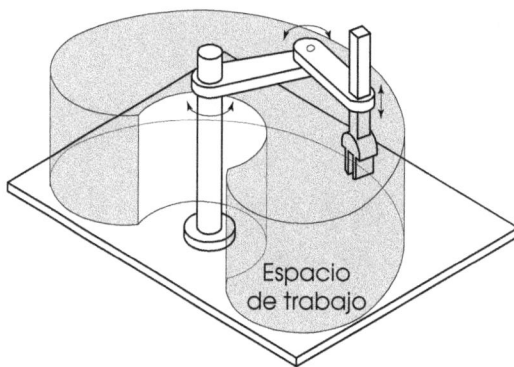

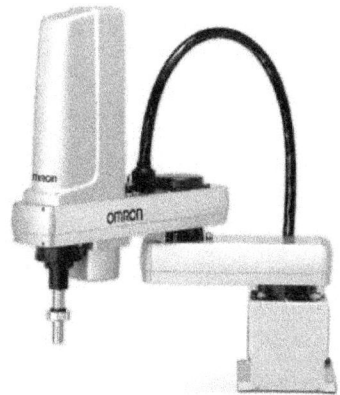

Figura 2.10. Manipulador SCARA. Ejemplo: robot OMRON de Pick and Place

2.2.6.5 ROBOTS MANIPULADORES ANTROPOMÓRFICOS

Los manipuladores **antropomórficos** se caracterizan por:

▼ Presentar una geometría compuesta por tres articulaciones de revolución, tal y como puede observarse en la Figura 2.11. La revolución del primer eje es ortogonal a los ejes de las otras dos que son paralelas entre sí.

▼ La similitud con el brazo humano; de hecho, se suele llamar a la segunda articulación hombro y a la tercera codo.

▼ Ser el robot más versátil de todos.

▼ La correspondencia entre los GDL y el espacio cartesiano no existe, lo que provoca que sea más difícil de controlar.

▼ La precisión para colocar la muñeca en el espacio de trabajo varía.

▐ Su espacio de trabajo es casi una esfera.

▐ Es el tipo de robot más usado en la industria.

Figura 2.11. Manipulador antropomórfico. Robot Kuka con pala de ping-pong como elemento terminal

2.2.6.6 OTROS

Todos los manipuladores que se han presentado anteriormente se componen de una cadena cinemática abierta. También existen manipuladores en cadena cerrada, de los cuales el ejemplo más famoso es el robot paralelo (véase la Figura 2.12). Pueden aportar ventajas en cuanto a velocidad, capacidad de carga y rigidez, pero son mucho más difíciles de controlar.

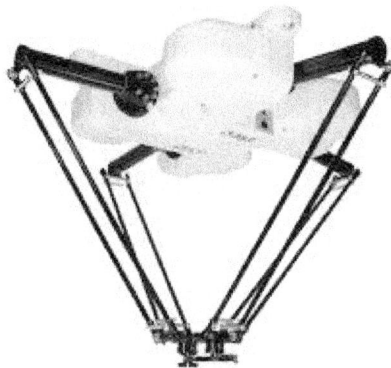

Figura 2.12. Robot paralelo

2.2.7 Muñecas

Las muñecas permiten orientar el extremo o la herramienta del robot para que pueda realizar su tarea correctamente. Normalmente las muñecas de los manipuladores suelen estar compuestas de tres articulaciones de rotación (véase la Figura 2.13), es decir, tienen 3 GDL. La base de la muñeca se conecta al brazo del robot, mientras que en el extremo se coloca la herramienta.

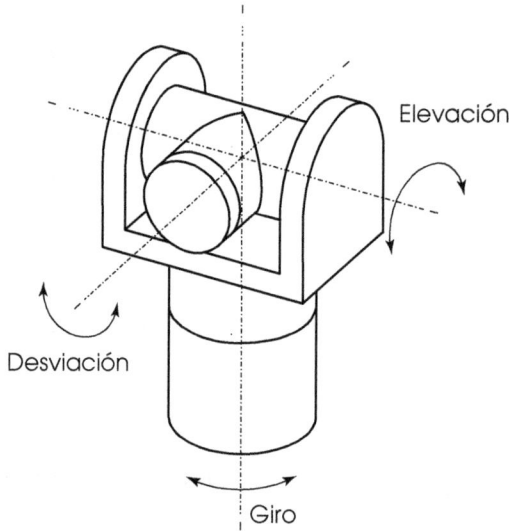

Figura 2.13. Muñeca de un robot

2.2.8 Elementos terminales o herramientas

Los elementos terminales o herramientas —también conocidos como efectores finales (por su nombre en inglés *end effector*)— permiten al manipulador realizar la tarea deseada una vez se ha posicionado el brazo y orientado la muñeca. Existe una gran cantidad de elementos terminales distintos en función de la tarea que se vaya a realizar, entre los más extendidos se encuentran los dispositivos de:

▶ Soldadura.
▶ Pintura.
▶ Ensamblado.
▶ Corte.
▶ Agarre (pinzas o manos robóticas).

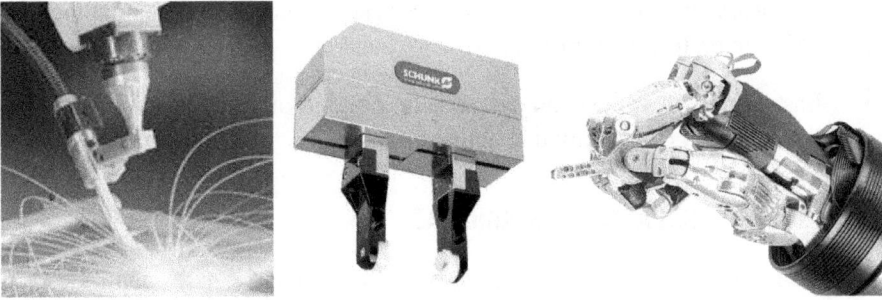

Figura 2.14. Pistola de soldadura. Pinza de Schunk. Mano robótica SVH de Schunk

2.3 ROBOTS MÓVILES

Los robots móviles están experimentando un acusado crecimiento en los últimos años, sobre todo en la robótica de servicios, aunque también aumenta su presencia en el sector industrial.

La morfología de los robots móviles dependerá de la forma que tengan de moverse. Podemos encontrar robots que:

▶ Caminan.
▶ Saltan.
▶ Corren.
▶ Se deslizan.
▶ Nadan.
▶ Vuelan.
▶ Ruedan.

Gran parte de estos sistemas de locomoción están basados en la naturaleza. Podremos encontrarnos robots con patas, alas, aletas, etc. La excepción son los sistemas con ruedas, que son una invención humana y sumamente eficientes en entornos planos. A continuación veremos los más comunes.

2.3.1 Robots móviles con patas

Los robots con patas emulan la locomoción de los humanos y animales terrestres (como pueden ser los insectos). La pata, que puede incluir varios GDL, debe ser capaz de sostener parte del peso total del robot, y en muchos robots debe ser capaz de levantar y bajar el robot.

Las principales ventajas de estos robots son su capacidad de adaptación y la maniobrabilidad en terrenos difíciles.

Las principales desventajas son la energía necesaria para realizar un movimiento y la alta complejidad mecánica.

2.3.1.1 NÚMERO DE PATAS Y ESTABILIDAD

Como hemos comentado, los robots con patas están inspirados en la naturaleza: los animales grandes, como los mamíferos y reptiles, tienen cuatro patas, mientras que los insectos tienen seis o más patas. En algunos mamíferos, la capacidad de caminar sobre dos piernas se ha perfeccionado. Especialmente en el caso de los humanos, el equilibrio ha progresado hasta el punto de que incluso podemos saltar con una pierna.

La estabilidad estática (que un robot no se caiga cuando está quieto) y dinámica (que no se caiga cuando está andando) depende del número de patas. Por ejemplo, una criatura con tres patas, al igual que un taburete, puede permanecer estática, sin caerse, siempre que su centro de gravedad esté dentro del triángulo de contacto con el suelo (véase la Figura 2.15).

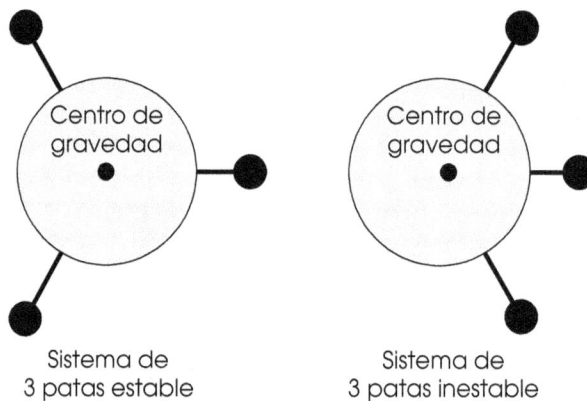

Figura 2.15. Estabilidad estática de sistemas con tres patas

La estabilidad dinámica, es decir, caminar de manera estable sin caerse, es más complicada de conseguir. Insectos y arañas son capaces de caminar al nacer. Para ellos, el problema del equilibrio al caminar es relativamente simple. Los mamíferos con cuatro patas no pueden lograr tanta estabilidad, pero son capaces de mantenerse fácilmente de pie. Los potros, por ejemplo, pasan varios minutos intentando ponerse de pie, a continuación, pasan varios minutos más en aprender a caminar sin caerse. Los humanos, con dos piernas, ni siquiera pueden permanecer con estabilidad estática. Los bebés requieren meses para ponerse de pie y caminar, y aún más tiempo para aprender a saltar, correr y mantenerse de pie con una pierna.

Por ejemplo, en un robot de seis patas que emule a un insecto es posible diseñar un modo de andar estable en el que tres patas estén siempre en contacto con el suelo, tal y como muestra la Figura 2.16.

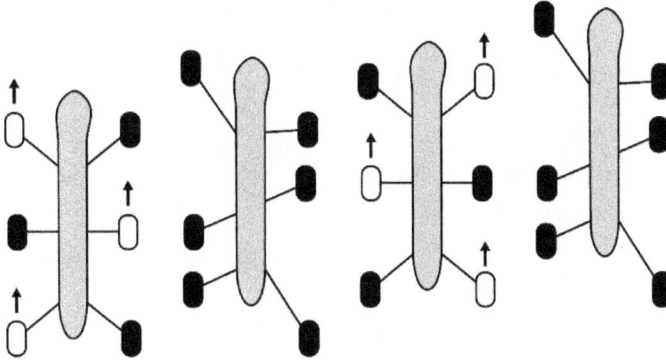

Figura 2.16. Esquema de movimiento con seis patas

2.3.1.2 ARTICULACIONES, ESLABONES Y GDL EN LAS PATAS

Las patas están construidas, al igual que en los manipuladores, de eslabones y articulaciones. Podríamos hablar de patas robóticas (en los manipuladores hablábamos de brazos robóticos). Estas patas se diseñan para asegurar la estabilidad estática y dinámica que comentamos anteriormente.

Las patas robóticas están compuestas de al menos 2 GDL, uno para moverla hacia delante y otro para hacerla pivotar. Lo más usual es usar un tercer GDL para movimientos más complejos, como los que se muestran en la Figura 2.17. Los robots bípedos recientes han añadido un cuarto GDL en la articulación del tobillo. El tobillo permite mayor contacto con el suelo mediante el posicionamiento de la planta del pie.

2.3.1.3 PATRONES DE MOVIMIENTO

En el caso de un robot móvil de múltiples patas se debe abordar el problema de la coordinación de las patas, así como el del control de la marcha. El número de posibles patrones de movimiento depende del número de patas. El patrón es una secuencia de eventos de elevación y descenso de cada pata. Para un robot móvil con k patas, el número total de posibles patrones es:

$$N = (2k - 1)!$$

Por ejemplo, para un robot bípedo $k = 2$ patas, el número posible de eventos es:

$$N = (2k - 1)! = 3! = 3 * 2 * 1 = 6$$

Los seis eventos diferentes son:

1. Levantar la pierna derecha.
2. Levantar la pierna izquierda.
3. Bajar la pierna derecha.
4. Bajar la pierna izquierda.
5. Levantar ambas piernas juntas.
6. Bajar ambas piernas juntas.

Podemos darnos cuenta de que el número de eventos crece rápidamente con el número de patas. Por ejemplo, un robot con seis patas tiene teóricamente muchos más eventos:

$$N = 11! = 39.916.800$$

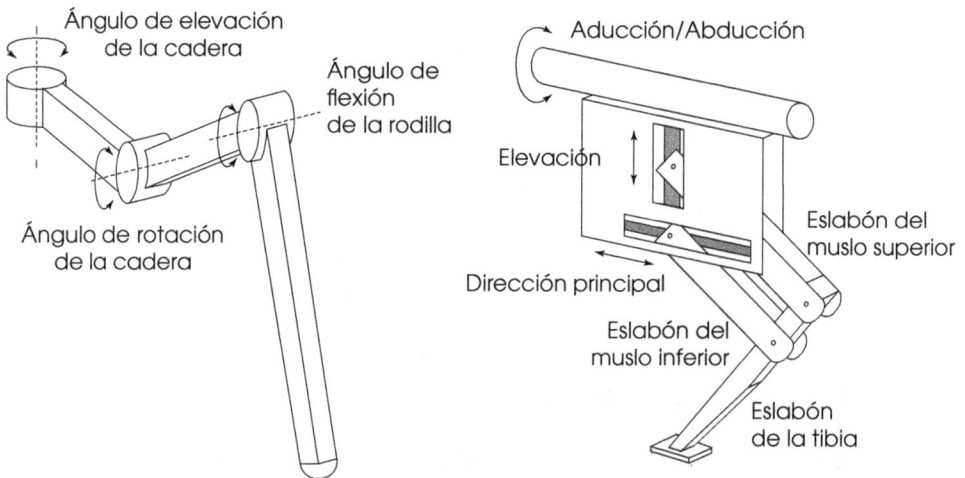

Figura 2.17. Esquemas de patas de robots

2.3.1.4 EJEMPLOS DE ROBOTS CON PATAS

En la actualidad existen multitud de robots con patas en robótica de servicios. Por ejemplo, en la Figura 2.18 se puede observar a Nao, un robot humanoide de Aldebaran Robotics, recientemente adquirida por SoftBank Corp. Dispone de hasta 25 GDL repartidos entre cabeza, brazos, tronco y piernas. Se podría considerar un sistema híbrido entre robot móvil y manipulador, ya que une cualidades de ambos. Como robot móvil dispone de dos piernas con 5 GDL cada una, dos en la cadera, uno en la rodilla y dos en el tobillo. En la Figura 2.18 se puede apreciar la complejidad del mecanismo.

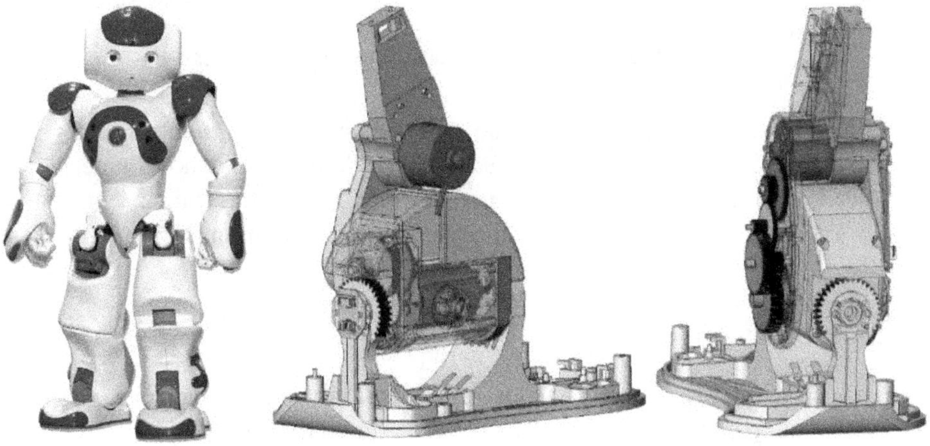

Figura 2.18. Robot Nao de Aldebaran Robotics. Detalles en CAD del tobillo de NAO

Nao se emplea principalmente para educación e investigación. Su aspecto amigable lo convierte en un sistema muy apto para presentar conocimientos de robótica a los más jóvenes. Se emplea además en investigación; no solo en el campo de la robótica, también en el de la psicología para estudiar la interacción hombre-robot.

Asimismo, existe un amplio desarrollo militar, dentro de los robots con patas se puede destacar el LS3, un robot de Boston Dynamics, compañía recientemente adquirida por Google Inc. En la Figura 2.19 podemos ver el LS3, que dispone de cuatro patas, cada una de ellas con 5 GDL.

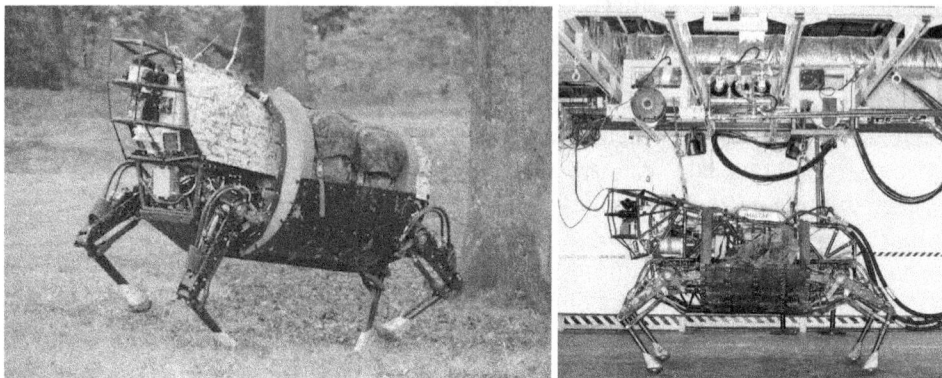

Figura 2.19. Robot de cuatro patas LS3 de Boston Dynamics

Su nombre proviene de las siglas en inglés de *legged squad support system* (LS3). La función de este robot es dar apoyo a un pelotón de soldados. En ocasiones, los soldados deben moverse por terrenos complejos mientras cargan con equipo pesado, LS3 será el encargado de llevar parte del equipo y suministros adicionales.

2.3.2 Robots móviles con ruedas

La rueda es el mecanismo de locomoción más popular; usado por los inventos del hombre tanto en vehículos como en robótica móvil debido a que:

▸ Logra muy buenas eficiencias.
▸ El sistema mecánico es relativamente simple.

2.3.2.1 EQUILIBRIO Y ESTABILIDAD EN ROBOT CON RUEDAS

El equilibrio no suele ser un problema en los robots con ruedas, ya que casi siempre se diseñan de manera que todas las ruedas están en contacto con el suelo. Por lo general, tres ruedas son suficientes para garantizar el equilibrio estable, aunque, los robots de dos ruedas, al igual que las motos, también pueden ser estables siempre y cuando su centro de masas esté por debajo del eje de las ruedas.

Cuando se utilizan más de tres ruedas, al igual que en los coches, se requiere un sistema de suspensión para permitir que todas las ruedas permanezcan en contacto con el suelo cuando el robot encuentra un terreno desigual. Esta suspensión puede realizarse a través de amortiguadores o, en ocasiones, mediante neumáticos blandos que se adapten a la superficie del terreno.

2.3.2.2 TIPOS DE RUEDA

Hay cuatro clases principales de ruedas. Se diferencian ampliamente en su comportamiento físico, y, por lo tanto, la elección del tipo de rueda tiene un gran efecto sobre el funcionamiento del robot móvil. Los cuatro tipos básicos de rueda son:

1. **Rueda estándar** (Figura 2.20.): realiza una rotación sobre el eje de la rueda (lo que permite avanzar o retroceder a un robot). En el caso de que sea una rueda direccionable (Figura 2.20 derecha) permite rotar sobre el eje de contacto (lo que hace girar a la izquierda o derecha al robot). Esta última, al tener dos movimientos posibles, decimos que tiene 2 GDL.

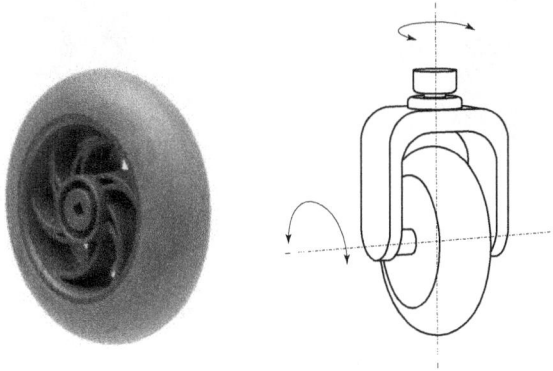

Figura 2.20. Rueda estándar

2. **Rueda loca** (Figura 2.21): rotación sobre el eje de la rueda y sobre un eje de dirección desplazado del punto de contacto. Vemos que también tiene 2 GDL. Es la típica que llevan los carritos de la compra y su diseño permite que se direccione automáticamente en el sentido del movimiento del robot.

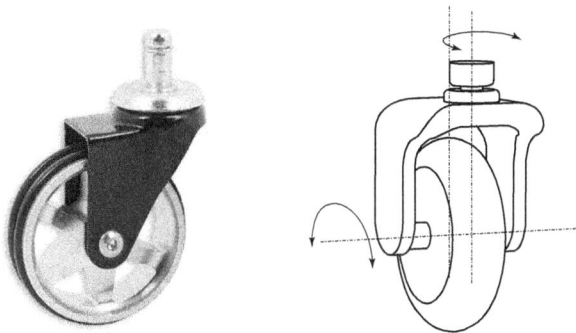

Figura 2.21. Rueda loca

3. **Rueda sueca** (Figura 2.22): la rueda sueca funciona como una rueda estándar, es decir permite avanzar-retroceder y girar izquierda-derecha (en el caso de que sea direccionable), pero también tiene unos rodillos que permiten el desplazamiento lateral sin cambiar la dirección de la rueda. Los rodillos pueden situarse a distintos angulos, normalmente 45° o 90°. Como permite tres movimientos diferentes se dice que tiene 3 GDL.

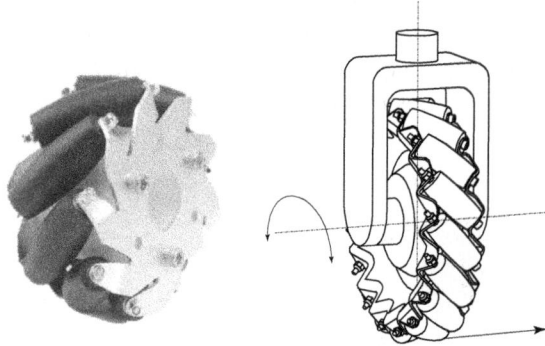

Figura 2.22. Rueda sueca a 45°

4. **De bola o rueda esférica** (Figura 2.23): es una rueda que puede ir en cualquier dirección (**omnidireccional**), puede diseñarse para girar a lo largo de cualquier dirección de forma activa.

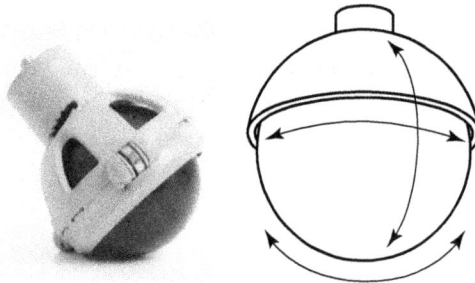

Figura 2.23. Rueda esférica

2.3.2.3 CONFIGURACIONES DE RUEDAS EN LOS ROBOTS

Los robots móviles están diseñados para desenvolverse en una amplia variedad de situaciones. Por ello, se puede ver una gran variedad de robots con diferentes configuraciones de ruedas. A continuación mostramos las configuraciones de ruedas más típicas en algunos robots móviles. Utilizaremos los iconos descriptivos de la Tabla 2.2 para entender mejor el papel que juegan las ruedas en dichas configuraciones.

○	Rueda omnidireccional sin actuar (esférica, loca, sueca)
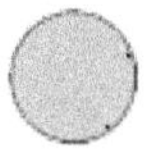 ●	Rueda omnidireccional actuada (esférica, loca, sueca)
▭	Rueda estándar sin actuar
 ▬	Rueda estándar actuada
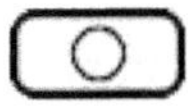 ▭○	Rueda estándar direccionable sin actuar
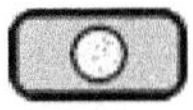 ▬●	Rueda estándar direccionable actuada
 ▬◐	Rueda loca actuadas
 ▱	Rueda sueca actuadas
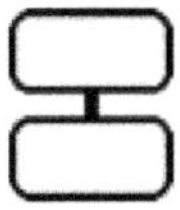 ⬒⬓	Ruedas conectadas

Tabla 2.2. Descripción de los iconos

Configuraciones de 1 rueda:

� Aunque no son usuales, existen algunos robots que solo tienen una rueda para moverse. Estas ruedas son ruedas esféricas de 2 GDL que permiten girar y avanzar al igual que lo hace una persona con un monociclo. Un ejemplo de estos robots es el BB8 de la película de Disney Star Wars. El despertar de la fuerza (Figura 2.24). Es un caso peculiar de robot, ya que el chasis es la propia rueda.

Figura 2.24. Configuración de una rueda esférica. Robot BB8 de Disney

Configuraciones de 2 ruedas:

▶ Dos ruedas estándar actuadas (es decir que cada una tiene un motor que la hace girar). Requiere que el robot esté continuamente controlando que está en vertical y no pierda el equilibrio. Un ejemplo de robot que utiliza una configuración de ruedas es el Double de Double Robotics. Otro ejemplo de robot con dos ruedas son los segways, con los que las personas pueden desplazarse cómodamente y que cada vez son más frecuentes en las ciudades.

Figura 2.25. Configuración de dos ruedas estándar actuadas. Double de Double Robotics. Vehículo segway

Configuraciones de 3 ruedas:

▶ Dos ruedas estándar actuadas y una rueda trasera loca sin actuación. Esta configuración de ruedas es muy utiliza en robots de interiores. Por ejemplo, los robots de limpieza Roomba emplean (Figura 2.26) esta configuración.

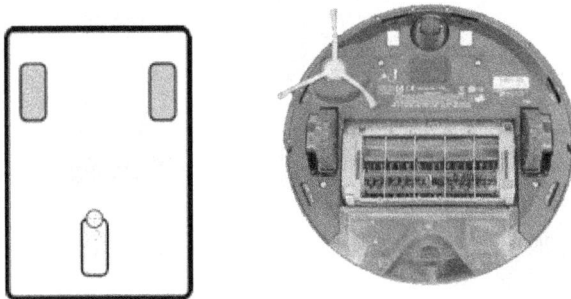

Figura 2.26. Configuración de dos ruedas estándar actuadas y una loca sin actuación. Robot Roomba

▶ Dos ruedas estándar actuadas y una rueda estándar direccionable. También muy habitual en los robots de interiores. En la Figura 2.27 tenemos el ejemplo del Transcar de Swisslog, un robot para transportar carga dentro de un hospital.

Figura 2.27. Configuración de dos ruedas estándar acionadas y una direccionable. Transcar de Swisslog

▶ Una configuración de tres ruedas de mayor complejidad, pero con alta maniobrabilidad, es la de tres ruedas suecas. En la Figura 2.28 podemos ver la disposición de las ruedas en la configuración, así como un ejemplo de ella: el robot de telepresencia Ava 500 de iRobot.

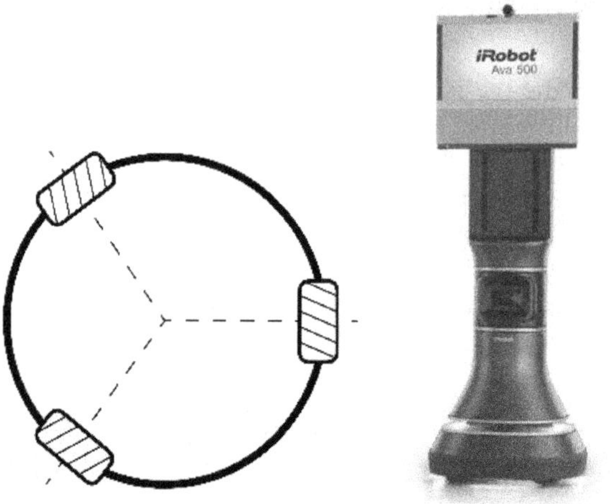

Figura 2.28. Configuración de tres ruedas suecas. Robot Ava 500 de iRobot

Configuraciones de 4 ruedas

▶ Una configuración de 4 ruedas muy habitual es la que llevan los automóviles. A esta configuración se le llama Ackerman. La tracción, como en los coches, puede ser trasera o delantera (Figura 2.29). En robótica se usa sobre todo en coches autónomos, como, por ejemplo, el Google Car.

Figura 2.29. Sistema Ackerman, dos ruedas de tracción y dos de dirección. Google Car

▶ La configuración doble Ackerman no es muy común, pero se puede encontrar en algunos robots. Este sistema tiene dirección trasera y delantera, lo que aumenta la maniobrabilidad pero también la complejidad. En la Figura 2.30 podemos ver un ejemplo comercial, el robot Viona de RobotMakers.

Figura 2.30. Sistema doble Ackerman con cuatro ruedas acionadas. Robot Viona de RobotMakers

▶ Dos ruedas estándar accionadas y dos ruedas esféricas sin accionar. Por ejemplo, el Neato XV15 de Neato Robotics, un robot de limpieza, incorpora esta configuración de ruedas.

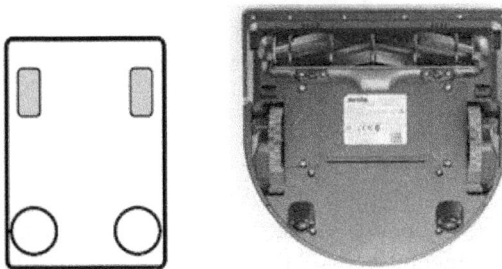

Figura 2.31. Configuración con dos ruedas estándar accionadas y dos esféricas sin accionar. Robot Neato XV15 de Neato Robotics

▶ En la Figura 2.32 podemos ver una configuración de cuatro ruedas suecas accionadas, este sistema tiene gran maniobrabilidad pero un control complejo. En el ejemplo vemos el robot SUMMIT XL de la empresa española Robotnik.

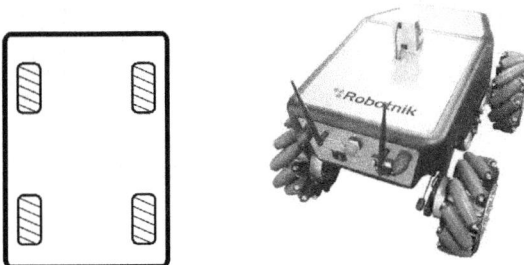

Figura 2.32. Configuración de cuatro ruedas suecas accionadas. Robot SUMMIT XL de Robotnik

▶ En la Figura 2.33 podemos ver la distribución de cuatro ruedas accionadas direccionables. Un ejemplo de aplicación es el robot PR2 de Willow Garage.

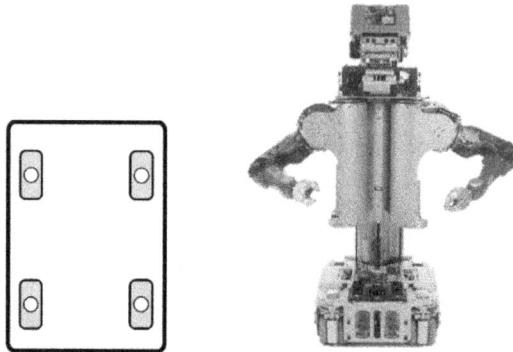

Figura 2.33. Configuración de cuatro ruadas direccionables accionadas. Robot PR2 de Willow Garage

Configuraciones de 6 ruedas

▶ Los sistemas con seis ruedas también se emplean en robótica. En la Figura 2.34 tenemos una configuración de dos ruedas estándar actuadas y cuatro direccionables sin actuación. Un ejemplo de ello son los robots de almacenes inteligentes de KIVA Systems, empresa perteneciente a Amazon y que pronto pasará a llamarse Amazon Robotics.

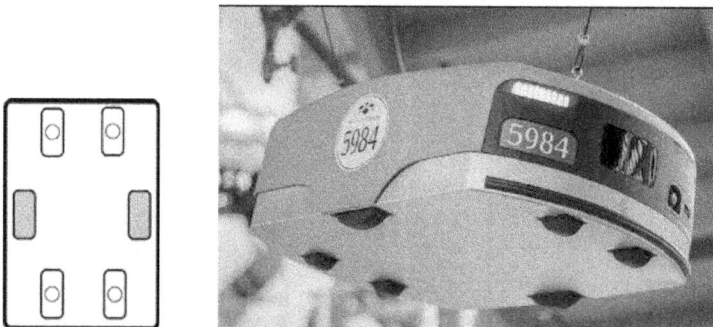

Figura 2.34. Configuración con dos ruedas estándar actuadas y cuatro direccionables sin actuar. Robot de KIVA Systems, perteneciente a Amazon

- Un ejemplo muy conocido de robot con seis ruedas es el Curiosity, el robot de exploración marciana de la NASA. Como se aprecia en la Figura 2.35, este robot tiene una configuración con dos ruedas estándar actuadas y cuatro ruedas estándar direccionables actuadas; además incluye un sistema que permite cambiar la altura de las ruedas para evitar obstáculos.

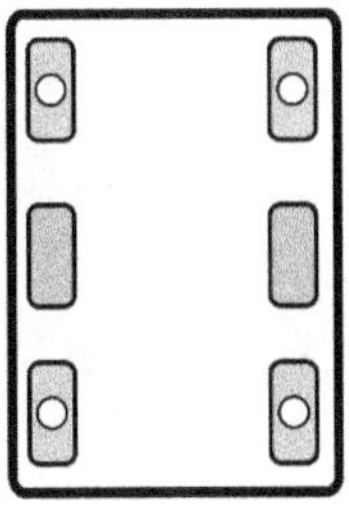

Figura 2.35. Configuración de dos ruedas estándar actuadas y cuatro ruedas estándar direccionables actuadas. Robot de exploración Curiosity de la NASA

3

SENSORES

3.1 DEFINICIÓN DE SENSOR

Todo robot, para que funcione de forma autónoma, necesita de dispositivos que le proporcionen información de su estado interno y/o del estado del entorno que lo rodea. Estos dispositivos son los sensores. La definición de sensor, según el *DRAE*, es la siguiente: "dispositivo que detecta una determinada acción externa, temperatura, presión, etc., y la transmite adecuadamente". Una definición más intuitiva y sencilla podría ser: dispositivo que mide una magnitud física o química, por ejemplo, temperatura, presión, posición, velocidad, pH, etc., y la transforma, en la mayoría de los casos, en una señal eléctrica. Normalmente, esta señal eléctrica debe ser primero modificada por un sistema de acondicionamiento de señal, luego convertida en una señal digital mediante un convertidor analógico-digital (A/D), para ser finalmente tratada por un sistema de procesado, como puede ser un computador o un microcontrolador. La Figura 3.1 muestra un esquema básico de las fases del proceso, desde que se capta la magnitud que se desea medir hasta que ésta llega al sistema de procesado. A modo de ejemplo, la Figura 3.2 muestra los distintos dispositivos utilizados en cada una de las fases para medir la deformación mecánica de un material cuando es sometido a una fuerza externa.

Figura 3.1. Fases del proceso de medición de una magnitud física o química

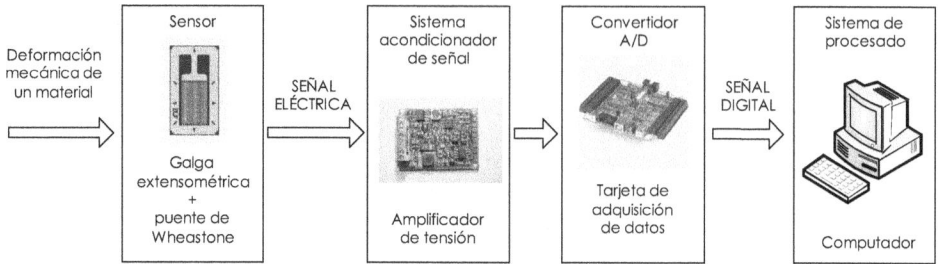

Figura 3.2. Ejemplo de dispositivos utilizados para medir la deformación mecánica de un material

3.2 CLASIFICACIÓN DE SENSORES

Se puede establecer una primera clasificación de sensores atendiendo a la procedencia de la información que nos da el sensor:

1. **Sensor interno**, si el sensor proporciona información del estado interno del robot. Por ejemplo, sensores que miden las posiciones angulares de las articulaciones de un robot.

2. **Sensor externo**, si el sensor proporciona información del medio que rodea al robot. Por ejemplo, sensores de ultrasonidos que detectan los objetos que rodean al robot.

Haciendo un símil con el cuerpo humano, se podría decir que el sistema nervioso es un sensor interno que proporciona información sobre el estado interno del cuerpo, y los cinco sentidos que tenemos las personas (vista, tacto, oído, olfato y gusto) son los sensores externos que proporcionan información sobre el medio que nos rodea.

Además de esta básica clasificación, los sensores se pueden clasificar de muy diferentes maneras pero algunas de las clasificaciones más extendidas o utilizadas se pueden resumir en la siguiente tabla:

CLASIFICACIÓN	TIPO	DESCRIPCIÓN	EJEMPLO
Según la fuente de energía	Generadores (activos)	Utilizan la energía del medio donde miden	Sensor piezoeléctrico
	Moduladores (pasivos)	Necesitan de una fuente externa de energía	Galga resistiva extensométrica
Según la señal de salida	Analógico	La señal de salida es continua en el tiempo	Sensor piezoeléctrico
	Digital	La señal de salida es discreta en el tiempo	Codificador óptico
Según el principio físico	Resistivo	Variación de una resistencia mediante un contacto móvil	Potenciómetro
	Capacitivo	Variación de la capacidad de conductores separados por un dieléctrico	Sensor capacitivo
	Inductivo	Variación de la inductancia de una o varias bobinas	LVDT (*linear variable differential transformer*)
	Termoeléctrico	Variación de tensión cuando existe diferencia de temperatura entre las uniones de dos materiales distintos	Termopar
	Piezoeléctrico	Generación de carga eléctrica con la deformación mecánica de un material cristalino	PZT sensor
	Piezorresistivo	Variación de resistencia con la deformación mecánica	Galga extensométrica
	Otros		
Según la variable medida	Presión	El sensor mide la variable física que da nombre al sensor	Sensor de "variable medida"
	Temperatura		
	Humedad		
	Proximidad/ Contacto		
	Posición/ Desplazamiento		
	Velocidad		
	Aceleración		
	Fuerza		
	Sonido		
	Caudal		
	Otros		

Tabla 3.1. Clasificación de sensores

3.3 CARACTERÍSTICAS GENERALES

Un sensor se puede definir por sus características estáticas y dinámicas. Las características estáticas son aquellas que hacen referencia al comportamiento del sensor en régimen permanente o estacionario; las características dinámicas hacen referencia a la evolución temporal de la señal eléctrica que proporciona el sensor entre dos estados estacionarios. Para entender mejor estos dos conceptos vamos a un poner un ejemplo: imaginemos que tenemos un frigorífico con un sensor de temperatura interna. Cuando la puerta está cerrada y la temperatura casi no varía estaríamos en modo estacionario. En este modo podríamos estudiar ciertas características del sensor de temperatura. Por ejemplo, la precisión del sensor, que es el error que comete entre la temperatura real y la temperatura que nos está marcando. Ahora imaginemos que abrimos la puerta del frigorífico y súbitamente la temperatura interna cambia. En el tiempo que dura este cambio estaríamos en modo transitorio (hasta que volvamos a cerrar la puerta y se estabilice la temperatura). Pues en este caso lo que podríamos estudiar son las características transitorias o dinámicas, como, por ejemplo, el tiempo de establecimiento que se corresponde con la rapidez con la que el sensor reacciona al cambio de temperatura.

A continuación se describen brevemente algunas las características estáticas y dinámicas en sensores. Para utilizar una terminología correcta, a la magnitud física que queremos medir (por ejemplo, la temperatura) la vamos a llamar **señal de entrada**. Al valor que nos está proporcionando el sensor le vamos a llamar **señal de salida**.

3.3.1 Características estáticas

▶ **Rango**: son los valores mínimos y máximos de las magnitudes físicas que el sensor puede convertir en señales eléctricas.

▶ **Precisión**: es el error cometido entre el valor medido por el sensor y el valor real.

▶ **Repetitividad**: es la capacidad de repetir una medición con una precisión dada.

▶ **Resolución**: es la cantidad más pequeña que se puede detectar en la magnitud medida. Esta característica solo se da en aquellos sensores donde la salida cambia en forma de pequeños saltos ante una entrada continua.

▼ **Sensibilidad**: es la variación de la señal de salida con respecto a la variación de la señal de entrada.

▼ **Linealidad**: es la capacidad del sensor para que la señal de salida sea lineal con respecto a la variable medida.

3.3.2 Características dinámicas

Son parámetros que definen la respuesta temporal de la señal de salida de un sensor ante un cambio brusco en la señal de entrada. A continuación se describen los parámetros más significativos:

▼ **Tiempo de asentamiento o establecimiento**: es el tiempo que tarda la señal de salida en estabilizarse, después de producirse un cambio brusco en la señal de entrada.

▼ **Pico de sobreoscilación**: es el valor máximo que alcanza la señal de salida con respecto a su valor estabilizado, después de producirse un cambio brusco en la señal de entrada.

▼ **Tiempo de pico**: es el tiempo que tarda la señal de salida en alcanzar el pico de sobreoscilación.

3.4 DESCRIPCIÓN DE SENSORES UTILIZADOS EN ROBÓTICA

En esta sección se describen los sensores más comunes utilizados en robótica. Definiremos su principio de funcionamiento y las características fundamentales de cada tipo. Además los clasificaremos según la magnitud física que midan.

Como se dijo en el Preámbulo, este libro está orientado al estudio de dos tipos de plataformas educacionales: Lego Mindstorms y aplicaciones robóticas que utilizan Arduino. Por tanto, se hará hincapié en sensores que se emplean con estas plataformas educacionales.

3.4.1 Sensores de contacto

El objetivo de estos sensores es detectar contactos con objetos que están situados en el entorno del robot. Este tipo de sensor detecta el contacto con un objeto al establecerse o interrumpirse un contacto eléctrico por medio de una fuerza externa. La Figura 3.3 muestra el esquema de un sensor de este tipo. Los problemas que puede presentar este tipo de sensor son: 1) rebotes producidos en el momento del contacto, y, consecuentemente, incertidumbre para detectar el instante en el que se produce el contacto; y 2) la fuerza que se necesita aplicar para detectar el contacto depende de la rigidez del muelle. Así, cuanto mayor sea la rigidez, mayor será la fuerza que hay que aplicar para detectar el contacto.

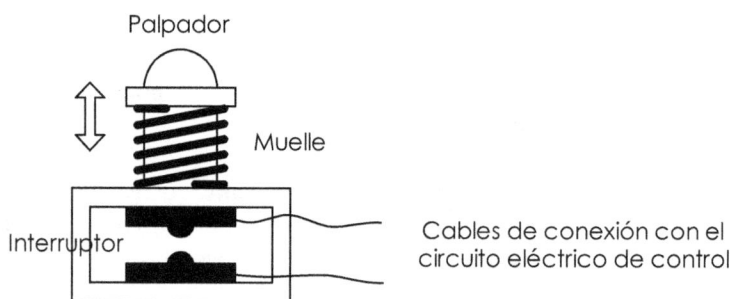

Figura 3.3. Sensor de contacto basado en muelle

La Figura 3.4 muestra el sensor de contacto que incorpora los robots Lego y el octopus de Arduino.

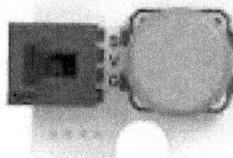

(a)   (b)

Figura 3.4. a) Sensor de contacto del robot educacional Lego. b) Sensor de contacto Octopus de Arduino

---

ⓘ **ACTIVIDAD**

En el libro de actividades se muestra cómo realizar dos proyectos sencillos para la utilización de sensores de contacto con Arduino (apartado 1.2.2) y con Lego (apartado 2.3.4).

3.4.2 Sensores de proximidad

Estos sensores se utilizan para detectar objetos en las inmediaciones del robot, pero sin que exista contacto. Los más comunes se describen a continuación.

3.4.2.1 SENSOR CAPACITIVO DE PROXIMIDAD

Un sensor capacitivo de proximidad funciona como un condensador (véase la Figura 3.5). Un condensador está formado por dos placas metálicas, separadas entre sí por un dieléctrico (material que es mal conductor de la electricidad) o por el vacío. La carga (energía) que puede almacenar el condensador depende del material dieléctrico de su interior, principio que es utilizado para medir la proximidad de objetos.

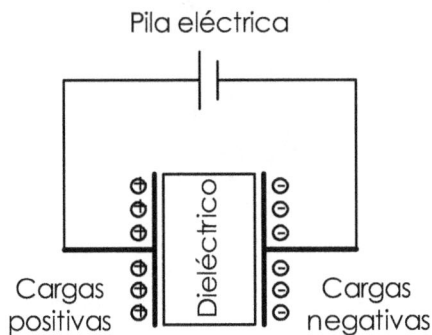

Figura 3.5. Esquema de un condensador eléctrico

El esquema de funcionamiento se muestra en la Figura 3.6. Básicamente, cuando un objeto pasa cerca, la carga del sensor (condensador) se ve modificada. El condensador lleva asociado un circuito electrónico para detectar la variación de carga, y, por lo tanto, la detección de un objeto en las proximidades del sensor. Por otro lado, cuanto más conductivo sea el objeto (mayor constante dieléctrica), este se polarizará mejor y, consecuentemente, acumulará más carga y será detectado más fácilmente. El mayor problema que presenta este tipo de sensor es que la sensibilidad disminuye notablemente cuando la distancia es superior a algunos milímetros.

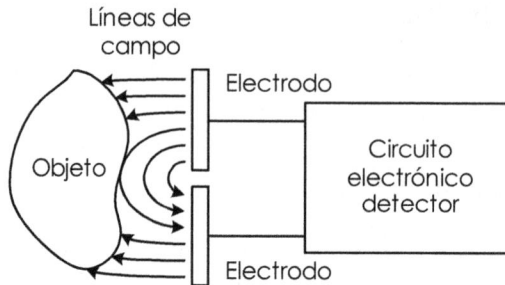

Figura 3.6. Esquema de un sensor capacitivo de proximidad

Estos sensores detectan la proximidad de un objeto, sea cual sea su naturaleza (conductivo o no conductivo), en distancias pequeñas, del orden de milímetros. La Figura 3.7 muestra una fotografía de un sensor de este tipo.

Figura 3.7. Sensor capacitivo de proximidad

ⓘ **ACTIVIDAD**

Muchas de las pantallas táctiles de los móviles o tabletas son en realidad sensores capacitivos de proximidad. En el libro de actividades se muestran muchos proyectos para la utilización de las pantallas de los dispositivos Android. Por ejemplo, con el proyecto 3.2.6 podemos mover un robot tocando la pantalla.

3.4.2.2 SENSOR INDUCTIVO DE PROXIMIDAD

Este tipo de sensores se basa en el efecto de inducción electromagnética que ocurre en las bobinas, es decir, cuando una bobina (hilo conductor en forma de espira) está expuesta a un campo magnético variable, aparece una fuerza electromotriz o tensión que genera una corriente eléctrica inducida en la bobina (Figura 3.8).

El esquema del funcionamiento de este tipo de sensores se muestra en la Figura 3.9. Como vemos, el sensor tiene una bobina, y dentro de ella un imán que produce un campo magnético. Cuando acercamos un objeto magnético, el campo magnético se ve alterado; y esta alteración, debido al efecto de inducción del que hablábamos en el párrafo anterior, produce una corriente eléctrica que circula por la bobina. Esta corriente es detectada por un circuito electrónico, que avisa de la proximidad de un objeto.

La distancia de detección de estos sensores es relativamente pequeña, y va desde 0,1 mm a 12 mm. La Figura 3.10 muestra una fotografía de un sensor de este tipo, cuya apariencia, como se puede observar, es similar a la de un sensor capacitivo.

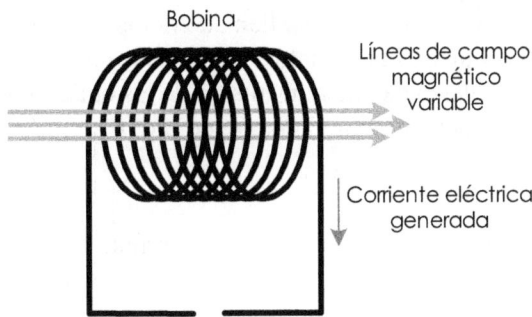

Figura 3.8. Efecto de inducción electromágnética en una bobina eléctrica

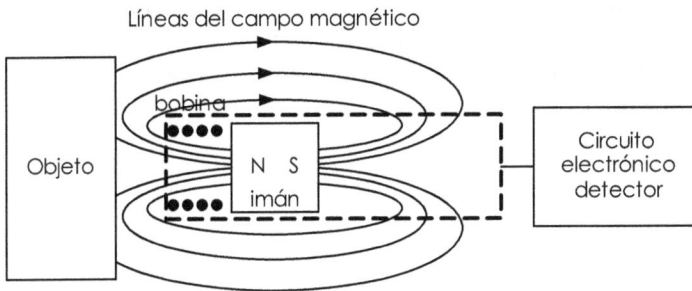

Figura 3.9. Esquema de funcionamiento de un sensor inductivo de proximidad

Figura 3.10. Sensor inductivo de proximidad

3.4.2.3 SENSOR DE ULTRASONIDOS

Este sensor se basa en el principio de la ecolocación para detectar la presencia de objetos. Este principio es utilizado por muchos animales, como por ejemplo los murciélagos, y se basa en utilizar ondas ultrasónicas que son reflejadas cuando encuentran un objeto en su camino.

La Figura 3.11 muestra el esquema básico de este tipo de sensor. Está constituido por un emisor y un receptor. El emisor es el encargado de emitir la onda de ultrasonido (normalmente de frecuencias mayores de 20 kHz), que, tras ser reflejada por un obstáculo, es recibida por el receptor. El tiempo que transcurre desde el envío hasta la recepción (normalmente llamado tiempo de eco) es el utilizado para calcular la distancia al objeto. Por lo tanto, la distancia al objeto, d, se puede calcular como el producto de la velocidad de transmisión de las ondas, v_t (que dependerá del medio por el que se transmitan), por el tiempo de eco, t_e.

$$d = v_t \cdot t_e$$

Este tipo de sensor, aunque su uso es muy común, puede presentar diferentes problemas que conviene conocer: 1) la dirección de la onda reflejada depende del ángulo con que incida sobre el objeto la onda enviada, y, por tanto, cuanto menor sea el ángulo de incidencia, más probabilidades hay de que no se detecte la onda reflejada, o de que la recepción no sea buena; 2) factores ambientales, como la temperatura o las turbulencias, pueden afectar a la medición; 3) cuanto más rugosa sea la superficie del objeto que refleja la onda, mayor será la energía de la onda reflejada, y, por tanto, la medición tendrá mayor calidad; 4) existe una distancia umbral, por debajo de la cual el sensor no puede detectar un objeto; 5) falsos ecos producidos por otros sensores de ultrasonidos que existan en el entorno pueden dificultar la terea de detección.

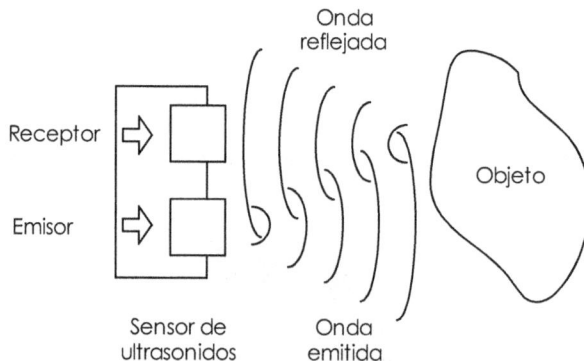

Figura 3.11. Principio de funcionamiento de un sensor de ultrasonidos

La Figura 3.12 muestra dos sensores de ultrasonidos: el sensor que forma parte del kit del robot Lego y el sensor que comúnmente se utiliza con Arduino.

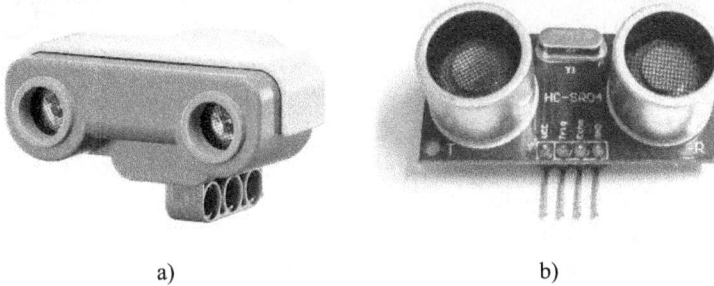

a)   b)

Figura 3.12. Sensores de ultrasonidos: a) robot Lego; b) Arduino

> (i) **ACTIVIDAD**
>
> En el libro de actividades podemos encontrar varios proyectos sobre el uso de sensores de ultrasonido. Ejemplos sencillos son el 1.2.15 para ultrasonidos con Arduino y el 2.3.7 para robots Lego.

3.4.2.4 SENSOR ÓPTICO O DE LUZ

El objetivo de este tipo de sensor es medir la intensidad luminosa. Normalmente están constituidos por células fotoeléctricas (fotodiodos, fototransistores o fotorresistencias) capaces de generar corrientes eléctricas proporcionales a la cantidad de luz detectada. Por ejemplo, la corriente de colector de un fototransistor, i_c, tal como aparece en la Figura 3.13, es proporcional a la intensidad luminosa, l_v.

$$i_c = k \cdot l_v$$

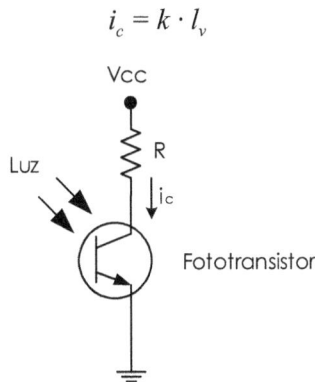

Figura 3.13. Esquema básico de un fototransistor

A menudo, estos sensores son utilizados, junto con una fuente de luz (diodos láser o LED), para detectar la presencia de objetos. Algunas de las estrategias utilizadas para detectar la presencia de objetos, e incluso la distancia a ellos, son las siguientes. 1) Alineación del emisor y receptor. En este caso, el emisor y el receptor están alineados (Figura 3.14.a); se detecta la presencia de un objeto cuando este se interpone entre el emisor y el receptor, impidiendo que la luz generada por el emisor sea detectada por el receptor. 2) Modo retrorreflectivo (Figura 3.14.b), donde el emisor y el receptor están ubicados en el mismo dispositivo, y se utiliza una superficie reflectante para reflejar el haz de luz proveniente del emisor hacia el receptor. 3) Modo basado en lentes (Figura 3.14.c). En este caso, a diferencia de los dos anteriores, se puede calcular la distancia a la que se encuentra el objeto, utilizando varias lentes que encauzan la luz reflejada a diferentes receptores.

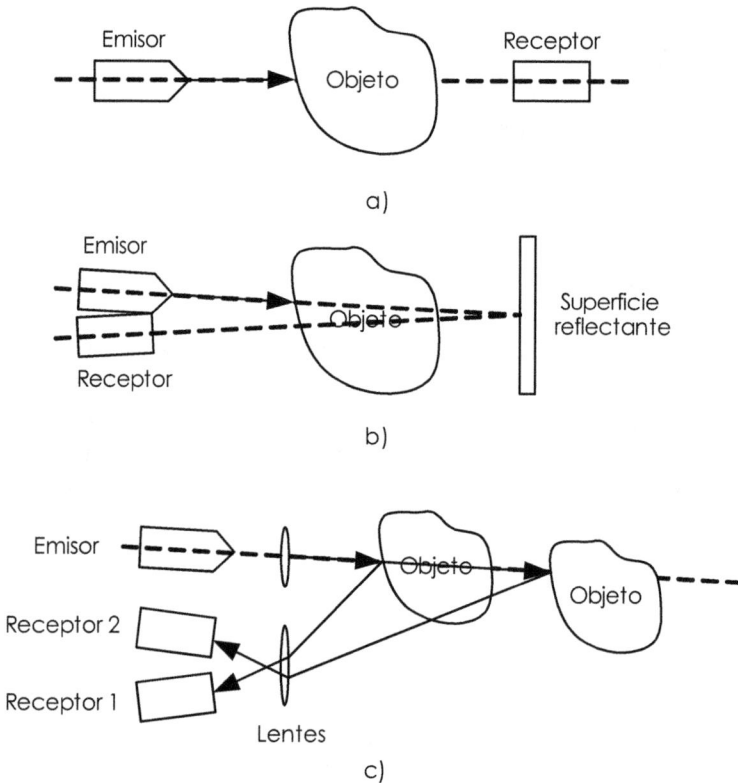

Figura 3.14. Estrategias para detectar la presencia de objetos con sensores ópticos

Algunos de los problemas que pueden presentar estas estrategias son los siguientes: 1) la alineación entre el emisor y el receptor debe ser muy precisa, y conseguir esto puede ser difícil cuando la distancia entre ambos es grande; 2) la reflexión de la luz depende de las características del objeto que haya que detectar (si es reflectante, opaco, tiene color, brillo, etc.), y, por tanto, se deben utilizar distintos tipos de luz (polarizada, difusa, láser, infrarroja, etc.) dependiendo de estas características; 3) si el sensor utiliza lentes, la alineación de estas con los rayos de luz reflejados suele ser una tarea complicada.

La Figura 3.15 muestra una fotografía de sensores de luz utilizados por los robots Lego y Arduino. Ambos son utilizados comúnmente para el seguimiento de líneas.

a)   b)

Figura 3.15. Sensores de luz: a) Lego; b) Arduino

ⓘ ACTIVIDAD

En el libro de actividades podemos encontrarnos varios proyectos sobre el uso de sensores de luz. Por ejemplo, con luz visible el 1.2.17 (Arduino) y el 2.3.6 (Lego). Los sensores de luz infrarroja se suelen utilizar para hacer robots seguidores de línea, como el proyecto 1.2.14 con Arduino.

3.4.3 Sensores de posición o desplazamiento

Estos sensores se utilizan, en la mayoría de los casos, como sensores internos, para conocer la posición lineal o angular de las articulaciones del robot, dependiendo de si estas son prismáticas o rotacionales, como indica la Figura 3.16.

Articulación prismática
(movimiento lineal)

Articulación rotacional
(movimiento angular)

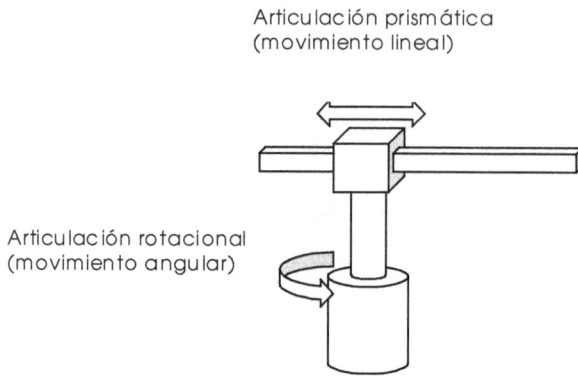

Figura 3.16. Esquema de un robot con una articulación rotacional y una articulación prismática

Dentro de estos sensores los hay que utilizan propiedades eléctricas, magnéticas, ópticas o una combinación de ellas. A continuación se describe cada uno de ellos.

3.4.3.1 POTENCIÓMETROS

Este tipo de sensor consiste en una resistencia eléctrica. Se puede utilizar para determinar desplazamientos lineales o angulares. La Figura 3.17 muestra los esquemas básicos de un potenciómetro lineal y de un potenciómetro angular, donde el desplazamiento, tanto lineal, x, como angular, Θ, está definido por la siguiente ecuación.

$$\frac{V_s}{V} = \frac{R_s}{R} = \frac{x}{x_{max}} = \frac{\Theta}{\Theta_{max}}$$

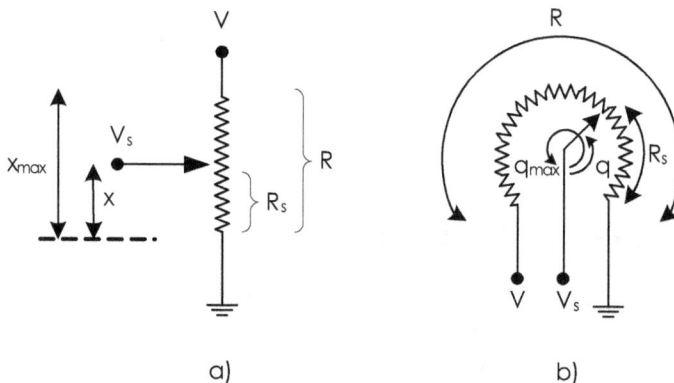

a)   b)

Figura 3.17. Esquema de un potenciómetro: a) lineal; b) angular

Como se puede observar, el tamaño de la resistencia utilizada limita el desplazamiento máximo. Las principales ventajas que presentan estos dispositivos son el bajo coste y la facilidad de uso. Sin embargo, presentan la desventaja de tener una precisión limitada.

La Figura 3.18 muestra dos fotografías de un potenciómetro lineal y angular, respectivamente.

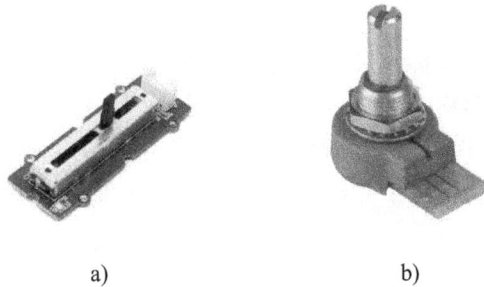

a)   b)

Figura 3.18. Potenciómetro: a) lineal; b) angular

ⓘ ACTIVIDAD

En el libro de actividades podemos encontrarnos algunos proyectos con el uso de potenciómetros en Arduino (Lego no tiene este tipo de sensores). En el apartado 1.2.16 tenemos unos ejemplos sencillos de uso.

3.4.3.2 SENSORES CAPACITIVOS DE DESPLAZAMIENTO

Estos sensores se basan en la variación de la capacidad de un condensador para medir desplazamientos lineales o angulares. Cuando el condensador está cargado, se genera una diferencia de potencial entre sus placas, de acuerdo a la siguiente ecuación:

$$V = \frac{Q}{C},$$

donde Q es la carga de cada una de las placas y C es la capacidad del condensador, dada esta por la siguiente expresión:

$$C = \epsilon \frac{A}{d},$$

donde ϵ es la constante dieléctrica del medio que se encuentra entre las dos placas, A es el área de las placas y d es la distancia entre ellas. Así, si varía alguno de estos tres parámetros, variará la capacidad del condensador, y, por lo tanto, la diferencia de potencial. Teniendo en cuenta este principio de funcionamiento, se pueden diseñar sensores de desplazamiento lineal o angular como los que se muestran en la Figura 3.19. En el primero se puede observar un sensor de desplazamiento lineal, donde el cambio de potencial será proporcional a la variación de la distancia entre placas, es decir, el desplazamiento lineal que se pretende medir. En el segundo caso ocurre lo mismo, pero ahora lo que se desplaza es el material dieléctrico, cambiando la constante dieléctrica del medio que se encuentra entre las dos placas. En el tercer caso, un giro de una de las placas con respecto a la otra provocará un cambio de potencial que será proporcional al giro realizado. Este tipo de sensores se utiliza comúnmente para pequeños desplazamientos.

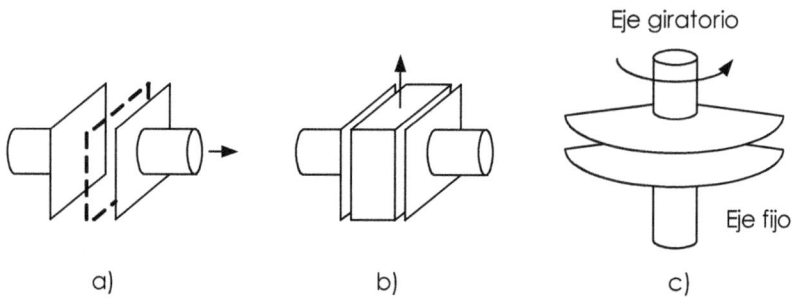

Figura 3.19. Esquema de sensores capacitivos: a) sensor de desplazamiento lineal variando la distancia entre placas, d; b) sensor de desplazamiento lineal variando la constante dieléctrica del medio, ϵ; c) sensor angular variando el área de carga del condensador, A

La Figura 3.20 muestra una fotografía de un sensor capacitivo de desplazamiento angular.

Figura 3.20. Imagen de un sensor capacitivo de desplazamiento angular

3.4.3.3 SENSORES INDUCTIVOS DE DESPLAZAMIENTO

El principio de funcionamiento de estos sensores se basa en el mismo efecto de inducción magnética explicado con los sensores de proximidad. Se pueden distinguir dos tipos: los que miden el desplazamiento lineal (por ejemplo, transformadores diferenciales) y los que miden el desplazamiento angular (por ejemplo, sincro y *resolvers*).

3.4.3.3.1 Transformadores diferenciales

Este tipo de sensor mide desplazamientos lineales. Se basa en tres bobinas enrolladas en un núcleo magnético que se desplaza linealmente (Figura 3.21). La bobina central se llama **primario del transformador** y las otras dos que se encuentran a ambos lados de la central son las que se llaman **secundarios**. El primario del transformador es alimentado con una tensión senoidal constante V_e y la tensión del secundario V_s (tensión de salida) será la diferencia de las tensiones en cada una de las bobinas del secundario, V_A y V_B. Así, si el núcleo magnético se encuentra centrado, la tensión de salida será de cero voltios, y si se ha desplazado, será proporcional a la diferencia de tensiones en el secundario. Por lo tanto, el desplazamiento del núcleo magnético se puede definir con la siguiente ecuación.

$$D = K \cdot (V_A - V_B),$$

donde K es una constante de proporcionalidad.

Estos sensores suelen emplearse para medir con precisión desplazamientos pequeños, del orden de milímetros. La Figura 3.22 muestra una fotografía de un transformador diferencial.

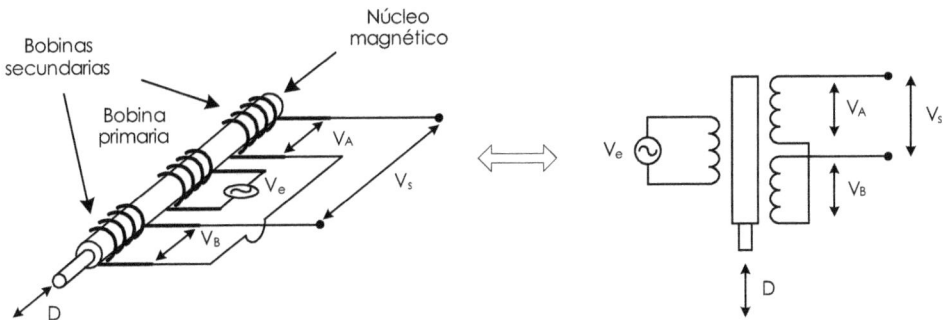

Figura 3.21. Esquema de funcionamiento de un transformador diferencial

Figura 3.22. Imagen de un transformador diferencial

3.4.3.3.2 Sincro-resolvers

Este tipo de sensores se basan también en el uso de bobinas, pero, en este caso, miden desplazamientos angulares. Se pueden diferenciar dos tipos: sincros y *resolvers*. El principio de funcionamiento en ambos es el mismo, pero varía el número de bobinas utilizadas. En el caso del sensor sincro se utiliza una bobina solidaria al rotor y tres solidarias al estátor, desfasadas 120 grados eléctricos; y en el caso del *resolver* se utiliza una bobina solidaria al rotor y dos solidarias al estátor, desfasadas 90 grados (Figura 3.23). Si se excita la bobina del rotor con una tensión senoidal, las tensiones en las bobinas del estátor varían en función del ángulo girado, y, por lo tanto, se podrá calcular el ángulo girado conociendo las tensiones en las bobinas del estátor. La Figura 3.24 muestra una imagen de un sensor sincro.

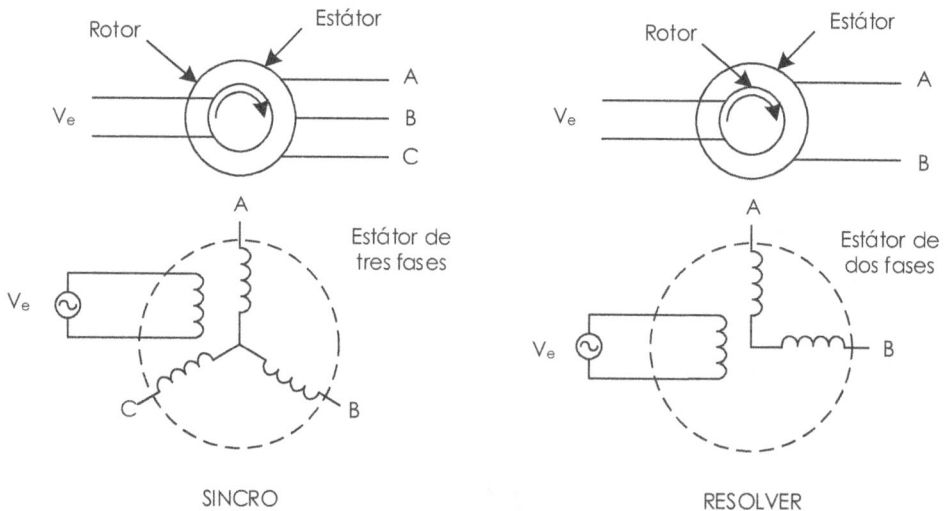

Figura 3.23. Esquema de un sensor resolver y de un sensor sincro

Figura 3.24. Imagen de un sensor sincro

3.4.3.4 CODIFICADORES ÓPTICOS

Estos sensores, también denominados *encoders*, miden desplazamientos angulares. Existen dos tipos, los que miden desplazamiento incremental y los que miden desplazamiento absoluto. La Figura 3.25.a muestra un esquema de un *encoder* incremental. Está formado por un disco, solidario al eje de giro, con un número de marcas determinado, un emisor de luz (normalmente un LED) y un fotorreceptor. El emisor y el receptor se colocan enfrentados a ambos lados del disco, de manera que cuando gira el disco marcado se generan una serie de pulsos que son detectados por el receptor. Así, contando el número de pulsos generados se puede calcular el ángulo girado. Consecuentemente, la resolución de un *encoder* depende del número de marcas que tenga el disco. Además, se suele incluir una segunda fila de marcas para determinar el sentido de giro, y otra marca adicional para determinar el número de vueltas. La Figura 3.25.b muestra un disco codificado de un *encoder* absoluto. En este caso, el disco está codificado de tal manera que el receptor detectará una única señal luminosa por cada posición. Normalmente se emplea el código Gray. El mayor problema que presentan estos sensores es su baja robustez en ambientes donde existen vibraciones o golpes. La Figura 3.26 muestra las diferentes partes de un *encoder*.

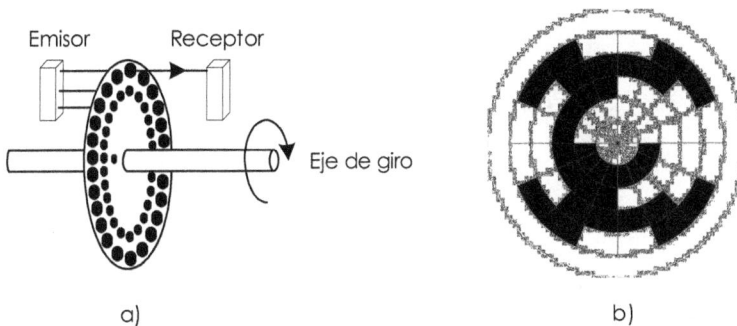

Figura 3.25. Esquema de un encoder: a) de tipo incremental; b) de tipo absoluto

Figura 3.26. Imagen de un encoder y de las partes que lo constituyen

---

(i) **ACTIVIDAD**

En el libro de actividades, apartado 1.2.20, podemos encontrar un proyecto en Arduino para el uso de encoders; y en el apartado 2.3.3, un proyecto con el uso de los encoders que integran los motores de Lego.

3.4.4 Sensores de velocidad

Los sensores de velocidad más utilizados son los denominados tacogeneradores. El principio de funcionamiento es similar al de un motor de corriente continua, pero trabajando de manera inversa, es decir, convierte una energía mecánica de rotación en energía eléctrica. La Figura 3.27 muestra un esquema sencillo de este sensor. Está compuesto por un imán permanente (estátor) y por un rotor con varios devanados que gira a una cierta velocidad angular. Las bobinas enrolladas en el rotor producen tensiones senoidales, cuyas amplitudes dependen de la velocidad de giro del rotor. Estas tensiones se rectifican para obtener una tensión de salida prácticamente constante.

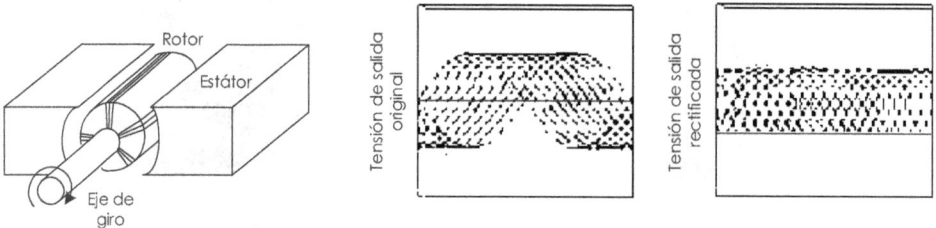

Figura 3.27. Esquema de un tacogenerador

3.4.5 Sensores de fuerza

Estos sensores se utilizan para determinar las fuerzas y momentos con las que el extremo de un robot interactúa con un objeto. Estos sensores, a veces llamados células de fuerza, se basan en la medición de la deformación que sufre un cierto material cuando se le aplican fuerzas o momentos determinados. Esta deformación es medida por sensores piezorresistivos, también llamados galgas resistivas extensiométricas, y manipulando adecuadamente esta información se pueden calcular las fuerzas y momentos aplicados en las tres direcciones espaciales. La Figura 3.28 muestra un esquema de lo que sería un ejemplo de este tipo de sensor, donde las galgas extensiométricas se pegan en una cruz metálica que está solidaria al objeto que sufre las fuerzas. La Figura 3.29 muestra una imagen de un sensor de fuerza.

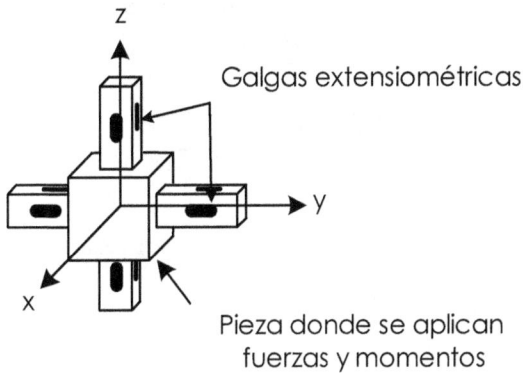

Figura 3.28. Esquema de un sensor de fuerza

Figura 3.29. Imagen de un sensor de fuerza

3.4.6 Sensores de aceleración

Estos sensores, llamados acelerómetros, miden, como su propio nombre indica, la aceleración del cuerpo donde van colocados. En robótica puede ser útil para dos cosas: primero, para saber cómo se está moviendo un robot. Segundo, para conocer las aceleraciones que sufre un objeto cuando es movido o manipulado por un robot, ya que puede ser frágil, y, por lo tanto, resultar dañado si es sometido a aceleraciones grandes. Estos sensores se basan en materiales piezoeléctricos y calculan la aceleración a partir de la segunda ley de Newton y de la ecuación fundamental de la dinámica. La Figura 3.30 muestra la imagen de un acelerómetro.

Figura 3.30. Imagen de un acelerómetro

> **ⓘ ACTIVIDAD**
>
> En el apartado 3.2.8 del libro de actividades podemos encontrar un proyecto que utiliza los acelerómetros de un móvil o tableta Android para mover un robot Arduino.

3.4.7 Sensores de sonido

A veces es conveniente que los robots detecten sonidos e incluso órdenes de mando. Para este propósito se diseñan sensores de sonido o micrófonos que le sirven al robot para realizar ciertas tareas a partir del sonido detectado. Estos sonidos pueden ser desde una simple palmada o grito hasta una palabra o frase. Lógicamente, dependiendo de lo complicada que sea la información transmitida, necesitarán un dispositivo de codificación más o menos sofisticado. La Figura 3.31 representa un robot móvil que cambia de dirección cuando detecta una palmada. En la Figura 3.32 se puede ver el sensor de sonido que incorpora el kit de Lego.

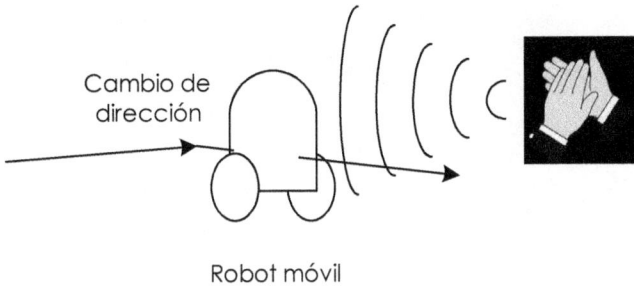

Figura 3.31. Ejemplo de una aplicación de sensor de sonido

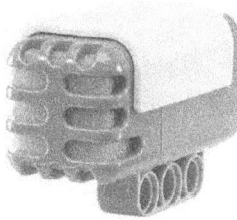

Figura 3.32. Imagen del sensor de sonido de Lego

(i) **ACTIVIDAD**

En el apartado 2.3.2 del libro de actividades podemos encontrar un proyecto que utiliza el sensor de sonido en los robots Lego; y en el apartado 3.2.5, un proyecto de Arduino que utiliza un móvil o tableta Android para controlar un robot con la voz.

4

ACTUADORES

4.1 DEFINICIÓN DE ACTUADOR

Los actuadores son los encargados de trasladar el robot, en el caso de robots móviles, o de mover cada uno de sus eslabones, en el caso de robots manipuladores. A modo de ejemplo, haciendo un símil con el cuerpo humano, podríamos decir que los músculos son los actuadores que mueven cada uno de los miembros del cuerpo humano. Aunque es una palabra que no está recogida en el Diccionario de la Real Academia Española de la Lengua, su uso está aceptado en el mundo de la robótica y se podría definir como cualquier dispositivo que transforma una energía, normalmente eléctrica, neumática o hidráulica, en un movimiento lineal o angular.

4.2 CARACTERÍSTICAS QUE DEFINEN A UN ACTUADOR.

Las características que definen a un actuador son las siguientes:

▸ **Potencia**: es la capacidad que tiene un actuador para mover las partes o miembros de un robot a una determinada velocidad o aceleración. Por ejemplo, cuanto mayor sea el peso y el volumen de una articulación de un robot, mayor será la potencia necesaria para moverla.

▸ **Peso y volumen**: estas características son muy importantes en un actuador, ya que condicionan también el peso y el volumen del robot. Además, siempre se tratará de que la relación entre la potencia y el peso/volumen del actuador sea lo mayor posible. Cada vez se fabrican actuadores más pequeños y ligeros con mayor potencia.

▶ **Precisión**: es el máximo error de posición que se comete al realizar un movimiento lineal o angular con un actuador. Por ejemplo, si el eje de un actuador angular gira con pasos o incrementos de 10 grados, se puede afirmar que la precisión, o el error máximo, será de 10 grados.

▶ **Controlabilidad**: es lo fácil o difícil que resulta controlar el actuador con una precisión aceptable.

▶ **Mantenimiento**: son las tareas periódicas que requiere el actuador, por parte del usuario, para seguir funcionando de manera correcta. Se preferirán actuadores que requieran poco mantenimiento.

▶ **Coste**: es el precio del actuador. Sin lugar a dudas es una característica importante que hace que el usuario se decida por uno u otro actuador.

4.3 CLASIFICACIÓN Y DESCRIPCIÓN DE LOS ACTUADORES

Los actuadores se clasifican en función de la energía que utilizan para generar el movimiento. Las energías utilizadas por los actuadores son, comúnmente, la energía eléctrica, la neumática y la hidráulica. Así, se distinguen actuadores eléctricos, neumáticos e hidráulicos.

4.3.1 Actuadores eléctricos

Son aquellos que utilizan la electricidad como fuente de energía. Son los más utilizados en robótica debido a su buena controlabilidad, precisión y bajo mantenimiento. Su mayor desventaja es que tienen una potencia limitada. Los más utilizados en robótica son los motores de corriente continua, los motores de corriente alterna y los motores paso a paso. A continuación se describe cada uno de estos tipos.

4.3.1.1 MOTORES DE CORRIENTE CONTINUA

Este tipo de motores se denominan así porque la corriente eléctrica que se utiliza para que funcionen es continua. Ejemplos de motores de corriente continua se pueden encontrar en cualquier coche de juguete que funcione con pilas eléctricas. El principio de funcionamiento de un motor de corriente continua se basa en la ley de

Lorentz. Esta ley afirma que cuando circula una corriente eléctrica por un conductor que está dentro de un campo magnético, aparece una fuerza que es perpendicular a la dirección de la corriente y a la dirección del campo magnético, tal y como muestra la Figura 4.1. Esta fuerza la utilizará el actuador para poder producir movimiento.

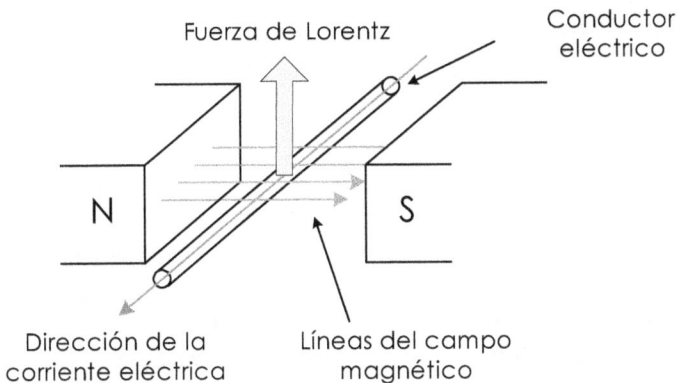

Figura 4.1. Descripción esquemática de la ley de Lorentz

Para entender mejor el funcionamiento de estos actuadores primero debemos conocer sus partes fundamentales (Figura 4.2):

▶ **Estátor**: es la parte fija exterior y es el encargado de generar un campo magnético constante, bien con imanes permanentes o con bobinas de excitación.

▶ **Rotor**: es la parte interior que gira y lleva enrolladas una serie de bobinas por las que pasa la corriente eléctrica.

▶ **Colector de delgas**: es un anillo de láminas metálicas (normalmente de cobre) que sirve para conectar las bobinas que están enrolladas al rotor con el circuito eléctrico exterior a través de las escobillas.

▶ **Escobillas**: son unos bloques de grafito (carbón) que conectan el circuito eléctrico exterior con las bobinas del rotor. Las escobillas se deslizan sobre el colector aplicando una fuerza de contacto controlada por un muelle. Esta fricción entre las escobillas y el colector puede provocar chispas.

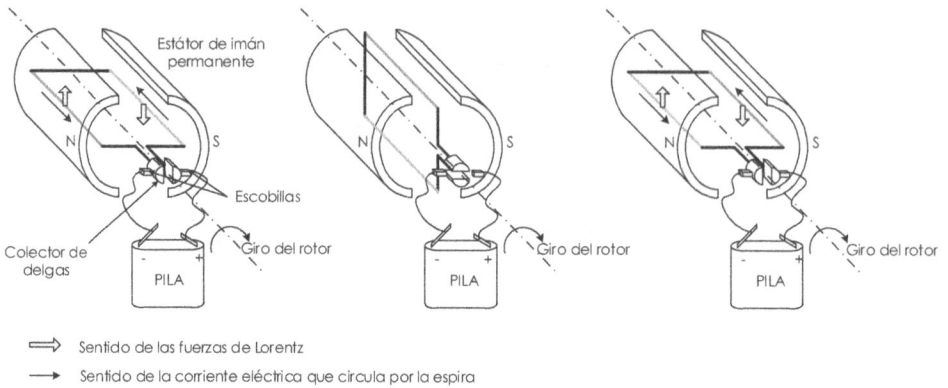

Figura 4.2. Esquema del funcionamiento de un motor de corriente continua

Este esquema simplificado (únicamente se ha considerado una espira en el rotor y un par de polos N-S en el estátor) muestra varias fases del movimiento del motor. Se observa que mientras circule corriente por la espira aparecerán dos fuerzas en oposición (fuerzas de Lorentz, que están marcadas como flechas hacia arriba y hacia abajo en ambos lados de la espira), que hacen girar a esta. Por otro lado, el colector de delgas hace que el sentido de la corriente que circula por la espira cambie cada vez que esta gira 90 grados, lo que provoca que continuamente aparezca un par de fuerzas que hace girar al rotor siempre en el mismo sentido. Es importante darse cuenta de que, aunque la corriente que se aplica es continua, el sentido de la corriente que circula por la espira va cambiando a medida que esta gira, y, por lo tanto, la corriente que pasa por la espira es alterna. Es precisamente esta alternancia en el sentido de la corriente la que genera el movimiento. La velocidad de giro de un motor de corriente continua solo depende del valor de la tensión que se aplique al motor.

ⓘ ACTIVIDAD

En el libro de actividades se muestra cómo realizar un proyecto sencillo para mover motores de corriente continua con Arduino (apartado 1.2.12).

4.3.1.1.1 Servomotores

Utilizando la electrónica adecuada se puede llegar a controlar la posición o la velocidad angular de un motor de corriente continua sin mucha dificultad. Al conjunto formado por el motor de corriente continua y el sensor (por ejemplo, un *encoder* de los vistos en el Capítulo 3) que controla la posición y/o velocidad del motor se le denomina servomotor. Existen diferentes tipos de servomotores, desde profesionales que se utilizan en robots y máquinas industriales hasta los servos que se utilizan en modelismo y en robótica educativa (véase la Figura 4.3).

> (i) **ACTIVIDAD**
>
> En el libro de actividades se muestra cómo utilizar los servomotores de los robots Lego (apartado 2.3.3) al igual que los servos utilizados en Arduino para mover robots móviles (apartados 1.2.8 - 1.2.10).

4.3.1.1.2 Reductoras

Además, en la mayoría de las aplicaciones robóticas también se suele añadir una reductora a la salida del eje del motor, con el objetivo de aumentar el par y disminuir la velocidad angular proporcionada por el motor. Generalmente, una reductora es una serie de ruedas dentadas conectadas en serie, como muestra la Figura 4.3.b.

El parámetro más importante que define a una reductora es la relación de reducción. Podemos definir este parámetro como el número de vueltas que necesitamos girar el eje de entrada de la reductora para conseguir una vuelta en el eje de salida. Por ejemplo, si consideramos una reductora elemental de dos ruedas dentadas, como se muestra en la Figura 4.4, necesitaremos dar tres vueltas a la primera rueda dentada para conseguir una vuelta en la segunda, ya que el diámetro de la primera es tres veces inferior al diámetro de la segunda. Por tanto, podemos decir que la relación de reducción es 3, y se indica como 3:1. Con esta simple combinación se ha logrado reducir la velocidad de giro de la segunda rueda a la tercera parte de la velocidad de giro de la primera. Además, la relación de pares en ambas ruedas es inversa a la relación de velocidad, y, por tanto, el par aplicado en la primera rueda es aumentado por tres en la segunda.

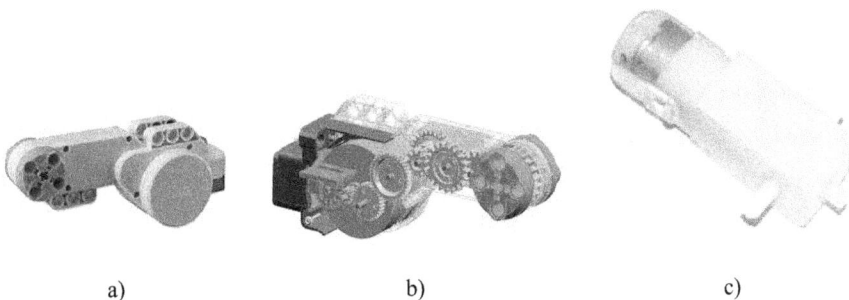

a)   b)   c)

Figura 4.3. Ejemplos de motores de corriente continua: a) servomotor que incorpora el kit de Lego Mindstorms; b) tren de engranajes del servoamplificador anterior; c) motor de corriente continua con su reductora utilizado para mover una rueda de un robot móvil

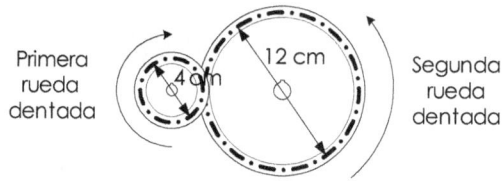

Figura 4.4. Reductora elemental de dos ruedas dentadas

4.3.1.2 MOTORES DE CORRIENTE ALTERNA

Como su propio nombre indica, este tipo de motores utilizan corriente alterna para funcionar. Tradicionalmente no se han utilizado en robótica debido a que es difícil controlarlos; sin embargo, las mejoras llevadas a cabo en una variante, el motor de corriente alterna síncrono, han hecho que este sea el más utilizado en los últimos años en robótica industrial. Por eso en esta sección solo explicaremos el funcionamiento de este tipo de motores.

Para entenderlos, vamos a utilizar el esquema de un motor básico (Figura 4.5). Podemos ver que las partes principales que lo constituyen son:

▶ **Rotor**: es la parte móvil y está formado por imanes permanentes.

▶ **Estátor**: es la parte fija y está formado por tres electroimanes (materiales ferromagnéticos inducidos por bobinas) alimentados con un sistema trifásico de tensiones (tensiones senoidales desfasadas entre ellas 120 grados eléctricos).

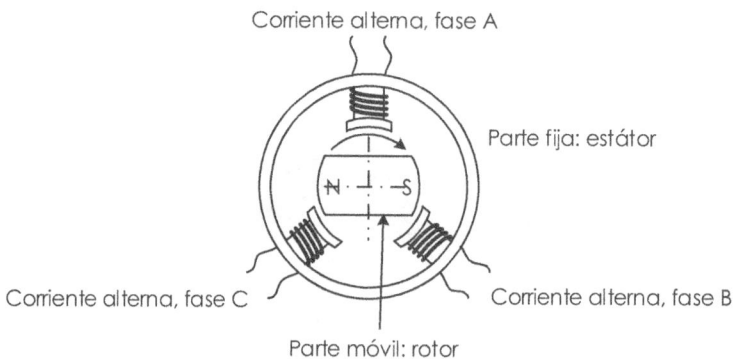

Figura 4.5. Esquema básico de un motor de corriente alterna síncrono

El principio de funcionamiento de estos motores es sencillo: cada uno de los tres electroimanes del estátor (Figura 4.5) se alimenta con una tensión senoidal desfasada 120 grados con respecto a las otras dos (Figura 4.6); esto crea en el estátor un campo magnético que gira a la misma frecuencia de las tensiones senoidales aplicadas; y, consecuentemente, el rotor (imán permanente) gira, siguiendo exactamente el campo magnético creado en el estátor.

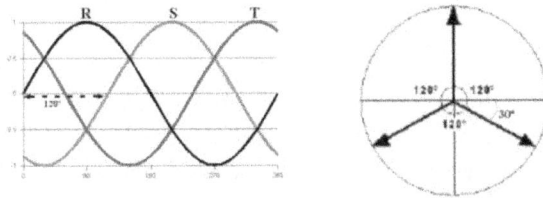

Figura 4.6. Sistema trifásico de tensiones senoidales desfasadas 120 grados

La velocidad de giro de estos motores depende únicamente de la frecuencia de las tensiones que alimentan las fases del estátor. La frecuencia de una señal periódica, como la que se muestra en la Figura 4.7, se define como la inversa del período, siendo el período el tiempo transcurrido durante un ciclo de la señal. El control de la frecuencia de las tensiones de alimentación era un gran inconveniente que ha sido resuelto con dispositivos electrónicos que varían la frecuencia de manera fácil y precisa.

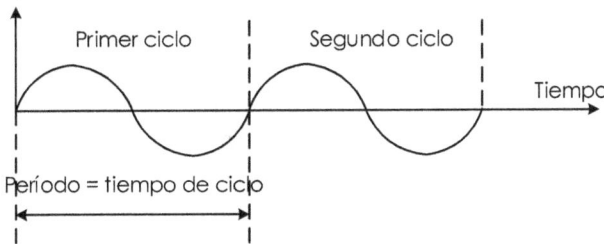

Figura 4.7. Ejemplo de una señal periódica

Algunos de los factores fundamentales que han hecho que este motor se utilice más en robótica industrial que el motor de corriente continua son los siguientes:

▶ No necesita escobillas, y por lo tanto requiere de un menor mantenimiento. Además, evita el riesgo de explosiones en ambientes inflamables al no existir las chispas producidas en las escobillas, como ocurre con los motores de corriente continua.

▼ Permite una gran capacidad de evacuación del calor, al estar los devanados del estátor en la carcasa del motor.

▼ Desarrolla más potencia que el motor de corriente continua.

4.3.1.3 MOTORES PASO A PASO

Existen varios tipos de motores paso a paso, pero el más utilizado en robótica es el de imanes permanentes. Este tipo de motor paso a paso está constituido por un rotor de imanes permanentes y un estátor formado por varios electroimanes. Cada uno de estos electroimanes será una fase del motor

El principio de funcionamiento es similar al del motor síncrono, con la diferencia de que en este caso las tensiones que alimentan a los electroimanes del estátor no son funciones senoidales alternas, sino secuencias de pulsos de tensión constante. Esto provoca que el rotor del motor gire a saltos, no de forma continua. Existen circuitos electrónicos especializados para generar estas secuencias y así controlar de manera fácil y sencilla el giro de un motor de estas características. La Figura 4.8 muestra un esquema del principio de funcionamiento de un motor paso a paso elemental de dos fases.

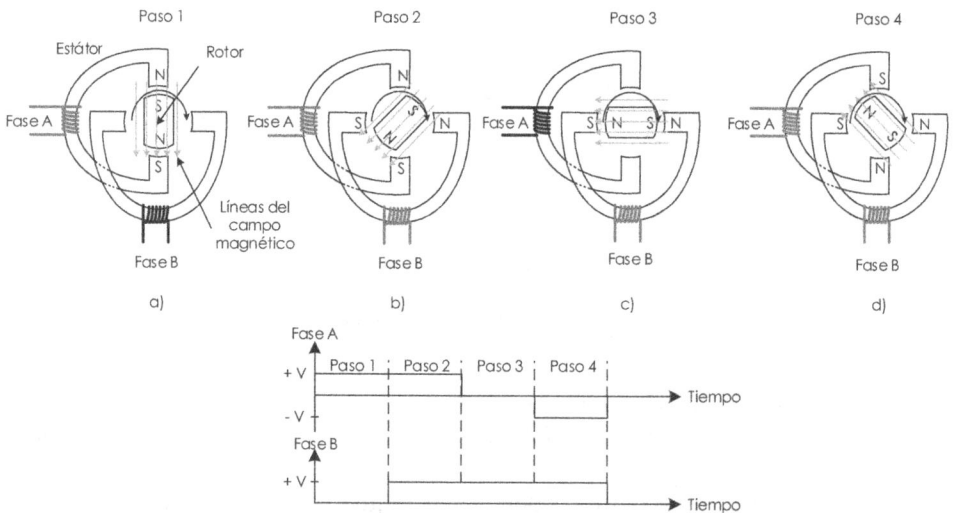

Figura 4.8. Esquema de funcionamiento de un motor paso a paso de imanes permanentes

El mayor inconveniente de estos motores es su baja potencia. La Figura 4.9 muestra una imagen de un motor paso a paso utilizado comúnmente en pequeños robots matriciales o impresoras 3D.

Figura 4.9. Motor paso a paso

4.3.2 Actuadores neumáticos

La energía que utilizan estos actuadores es aire a presión. Precisamente esta es la causa por lo que no pueden conseguir una buena precisión de posición, debido a la compresibilidad del aire. Existen dos tipos de actuadores neumáticos: cilindros neumáticos que generan un movimiento lineal y motores neumáticos que generan un movimiento angular. A continuación se describe el principio de funcionamiento de cada uno de ellos.

4.3.2.1 CILINDROS NEUMÁTICOS

En estos actuadores un émbolo se mueve dentro de un cilindro debido a la diferencia de presiones que existe a ambos lados del émbolo (Figura 4.10). Este tipo de actuadores generan un movimiento lineal.

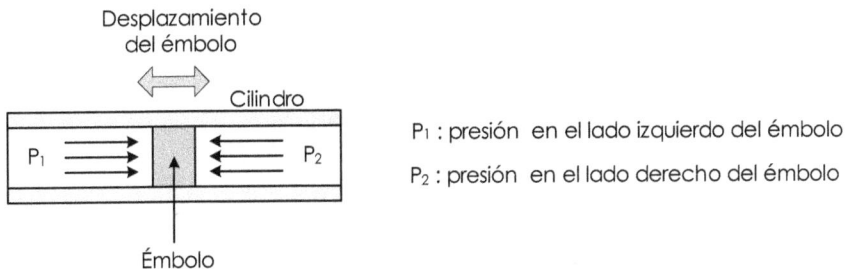

P_1 : presión en el lado izquierdo del émbolo

P_2 : presión en el lado derecho del émbolo

Figura 4.10. Esquema de funcionamiento de un cilindro neumático

Existen dos tipos de cilindros neumáticos: de simple efecto y de doble efecto (Figura 4.11). En los primeros, el aire a presión desplaza el émbolo solo en un sentido, y el desplazamiento en el sentido contrario lo realiza un muelle, que restablece el émbolo a la posición inicial cuando se deja de aplicar el aire a presión. En los segundos, el desplazamiento del émbolo en ambos sentidos lo causa el aire a presión. Como se dijo antes, al ser el aire un fluido compresible, es muy complicado realizar un control de posición preciso del émbolo, y, por tanto, solo se utilizan para realizar el posicionamiento del émbolo en los extremos del cilindro. El aire a presión se introduce en el cilindro a través de válvulas de distribución, las cuales canalizan el caudal de aire a una determinada presión. La Figura 4.12 muestra una fotografía de un cilindro neumático de doble efecto.

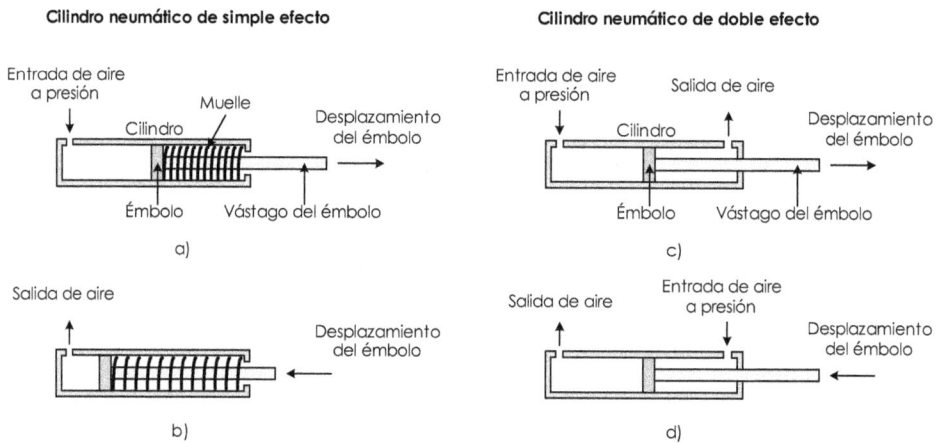

Figura 4.11. Esquema de funcionamiento de cilindros neumáticos: a) y b) representan el desplazamiento del émbolo de un cilindro neumático de simple efecto; c) y d) representan el desplazamiento del émbolo de un cilindro neumático de doble efecto

Figura 4.12. Cilindro neumático de doble efecto

4.3.2.2 MOTORES NEUMÁTICOS

En este tipo de motores, la energía del aire a presión genera un movimiento de rotación de un eje. Existen dos tipos de motores neumáticos: los basados en aletas y los basados en pistones axiales (véase la Figura 4.13). Los primeros están constituidos por un rotor ranurado, donde se alojan varias aletas, que gira excéntricamente dentro de un estátor cuando se aplica una corriente de aire a presión. Como se puede observar en la Figura 4.13.a, las aletas se deslizan hacia el exterior del rotor debido a la fuerza centrífuga que aparece cuando se aplica la corriente de aire a presión, y esto causa un movimiento continuo de rotación del eje del rotor. En los segundos, el eje de giro está solidario a un disco inclinado que es girado por las fuerzas que ejercen cilindros neumáticos al recibir aire a presión de manera secuencial (Figura 4.13.b). La Figura 4.14 muestra dos fotografías, una de un motor neumático de aletas y otra de un motor de pistones axiales.

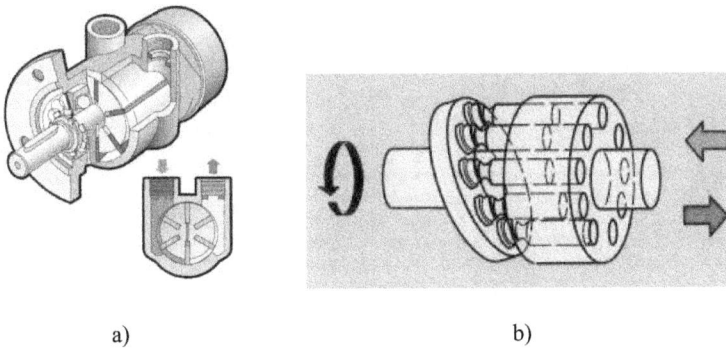

a)   b)

Figura 4.13. Esquema de funcionamiento de motores neumáticos: a) basados en aletas; b) basados en pistones axiales

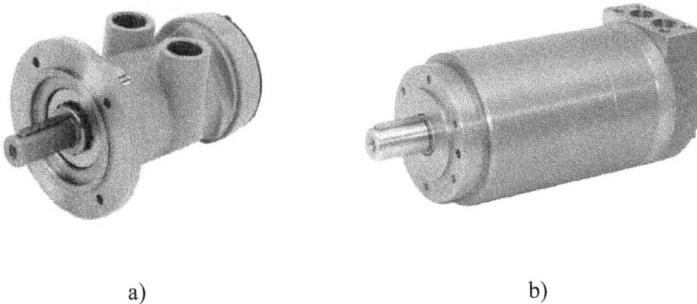

a)   b)

Figura 4.14. Imagen de motores neumáticos: a) basados en aletas; b) basados en pistones axiales

4.3.3 Actuadores hidráulicos

El principio de funcionamiento de estos actuadores no se diferencia del de los actuadores neumáticos. Además, su morfología también es similar. La única diferencia es que en este caso el fluido a presión que se utiliza es aceite mineral. Este hecho hace que estos actuadores presenten ciertas ventajas sobre los neumáticos. Entre ellas pueden destacarse las dos siguientes: la presión alcanzada es mayor, y, por tanto, se pueden ejercer elevadas fuerzas y pares; la compresibilidad del aceite es menor que la del aire, y, en consecuencia, se puede obtener mayor precisión al realizar un control de posición. También existen algunas desventajas, como, por ejemplo, que necesitan una instalación más complicada (necesitan un dispositivo de filtrado del aceite, sistema de refrigeración y unidades de control de distribución del aceite), y pueden aparecer fugas de aceite debido a las elevadas presiones de trabajo.

MICROCONTROLADORES

5.1 INTRODUCCIÓN

El microcontrolador es el cerebro del robot. Es el encargado de controlar y ejecutar todas las tareas que deba realizar el robot, enviando órdenes a los actuadores y recibiendo datos de los sensores. En un robot, además del cerebro o microcontrolador principal, puede haber otros microcontroladores secundarios que realizan tareas complementarias. Por ejemplo, un *display* LCD dispone de su propio microcontrolador que descodifica mensajes y los convierte en caracteres o dibujos en una pantalla. Otro ejemplo son los controladores que se encargan de las comunicaciones (USB, Bluetooth, etc.).

En este capítulo estudiaremos en detalle qué hay dentro de los microcontroladores y cómo funcionan. Realizaremos actividades y ejemplos de cómo se utilizan los microcontroladores en los robots y entenderemos, por ejemplo, qué significa que sean de 8, 16, 32 o 64 bits o que pertenezcan a una u otra arquitectura.

5.1.1 Microcontroladores en robótica educativa.

Todos los robots, incluidos los educativos, incorporan microcontroladores. Algunos ejemplos son los siguientes (véase la Figura 5.1):

- ▶ **Robots Lego NXT**: Atmel AT91SAM7S256 (controlador de 32 bits con arquitectura ARM).

- ▶ **Robots basados en Arduino UNO**: ATMega 328 (controlador de 8 bits con arquitectura AVR).

- **Robot Robobuilder**: Atmel ATMega128 (controlador de 8 bits con arquitectura AVR).

Figura 5.1. Algunos controladores utilizados en robots educativos

Si miramos dentro de los *bricks* NXT de Lego (véase la Figura 5.2a), encontraremos una placa con tres microcontroladores: el principal, el dedicado a las comunicaciones y otro encargado del control de los motores. En un Arduino UNO (véase la Figura 5.2b), además del controlador principal, podemos encontrarnos un segundo controlador (Atmega 16U2) encargado de las comunicaciones USB.

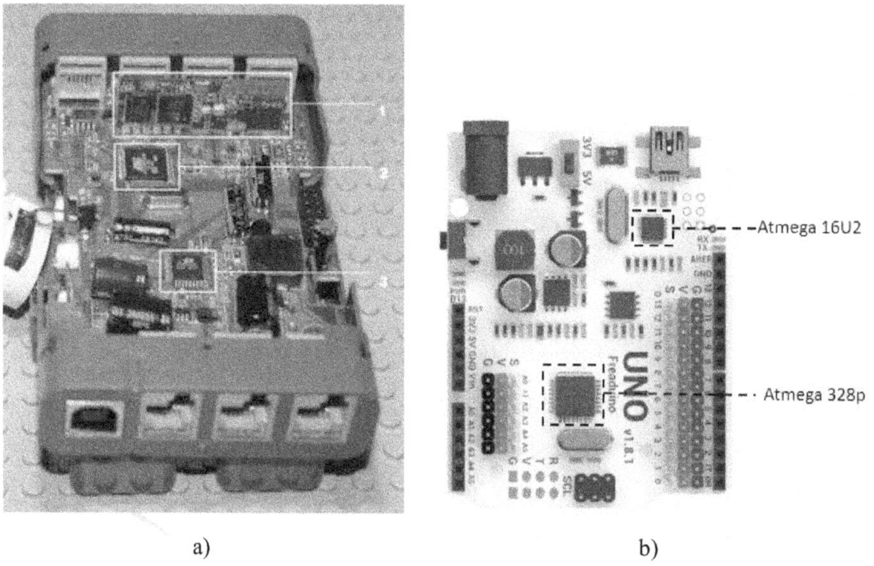

Figura 5.2. a) Microcontroladores en el brick de Lego. b) Microcontroladores en una tarjeta compatible con Arduino UNO

5.1.2 Definición de microcontrolador

Una definición más exacta de un microcontrolador podría ser la siguiente: chip o circuito integrado que incluye un microprocesador, memoria (de programa y datos) y unidades de entrada/salida (puertos paralelo, temporizadores, comparadores, conversores A/D, puertos serie, etc.). Por lo tanto, el siguiente cuadro resume lo que es un microcontrolador.

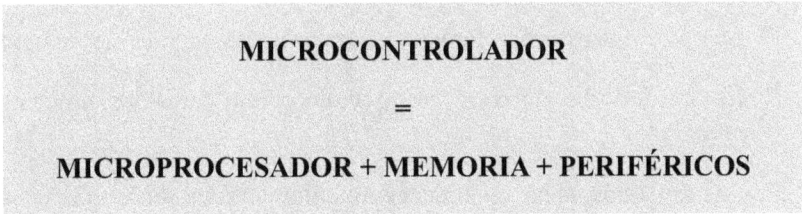

MICROCONTROLADOR

=

MICROPROCESADOR + MEMORIA + PERIFÉRICOS

La Figura 5.3 muestra esquemáticamente los distintos elementos que podemos encontrar dentro de un microcontrolador y que estudiaremos en los siguientes apartados. Viendo todos estos componentes, podríamos decir que un microcontrolador es un ordenador de dimensiones reducidas.

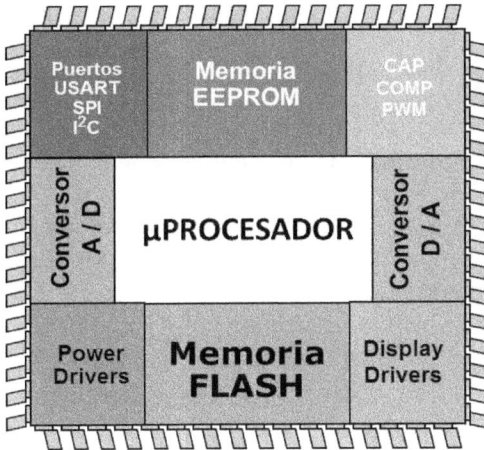

— CPU.
— Memoria RAM y EEPROM de datos.
— Memoria ROM de programa.
— Puertos de entrada/salida.
— Temporizadores/contadores.
— Sistemas de interrupción.
— Convertidores A/D y D/A.
— Etc.

Figura 5.3. Esquema de los componentes de un microcontrolador

5.2 MICROPROCESADORES

Es el componente electrónico (circuito integrado) encargado de la ejecución de programas, operando con los datos que recibe la memoria, los dispositivos de entrada/salida y periféricos. Se le suele denominar CPU (del inglés *central process unit*) o unidad central de proceso.

Está compuesto de cuatro elementos principales:

▶ **La unidad aritmético-lógica**: realiza todas las operaciones matemáticas.

▶ **La unidad de control**: dirige y coordina todos los elementos del procesador.

▶ **Los registros**: áreas de almacenamiento temporal que contienen datos o instrucciones.

▶ **Buses internos**: red de líneas por donde circulan los datos e instrucciones.

A continuación mostraremos los diferentes tipos de microprocesadores existentes, clasificándolos según sus arquitecturas. Cuando decimos que un procesador tiene una arquitectura u otra, a lo que realmente nos estamos refiriendo es a sus fundamentos de diseño.

5.2.1 Clasificación según su acceso a memoria

Existen dos arquitecturas de microprocesadores según la manera que tienen de acceder a la memoria para leer instrucciones de un programa y obtener datos:

▶ **Arquitectura Von Neumann**: estos microprocesadores disponen de un único bus para instrucciones y datos. Las instrucciones del programa y los datos se guardan conjuntamente en una memoria común. Cuando el microprocesador ejecuta un programa se dirige a la memoria principal, obteniendo primero la instrucción y después los datos. Esto retarda el funcionamiento ya que se realiza todo de manera secuencial (hasta que no termina una cosa no comienza otra).

▶ **Arquitectura Harvard**: estos procesadores tienen memorias distintas para datos y para instrucciones. Por esta razón el bus de datos y el bus de instrucción están separados, son totalmente independientes. Esto permite una ejecución en paralelo más rápida que en la Von Neumann: al mismo tiempo que se lee una instrucción se pueden obtener los datos necesarios.

La Figura 5.4 muestra las diferencias anteriormente comentadas entre ambas arquitecturas.

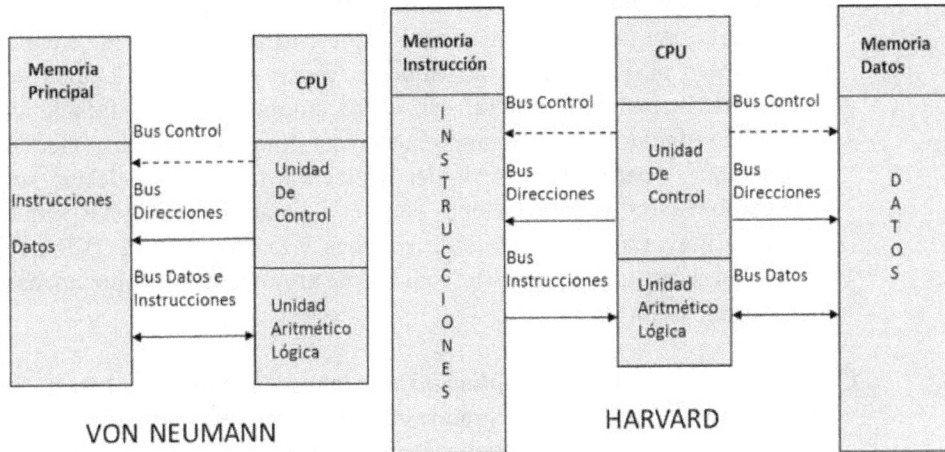

Figura 5.4. Comparativa entre la arquitectura Von Neumann y la arquitectura Harvard

Por cuestiones históricas, los ordenadores disponen de microprocesadores con arquitectura Von Neumann: los primeros ordenadores personales se diseñaron con esta arquitectura para abaratar costes y, por compatibilidad, todos los ordenadores han seguido con la misma arquitectura. Sin embargo, la mayoría de los microcontroladores que nos encontramos fuera de un ordenador utilizan arquitectura Harvard, ya que es más eficiente y los productos que la emplean no necesitan mantener compatibilidades (una lavadora no tiene por qué ser compatible con un microondas).

(i) **ACTIVIDAD**

En el apartado 5.2.4 veremos un ejemplo, utilizando un simulador web, que nos permitirá entender de manera muy sencilla cómo funciona un microprocesador Von Neumann.

5.2.2 Clasificación según su juego de instrucciones

El juego de instrucciones es el conjunto completo de instrucciones que tiene un procesador. Para entenderlo, al igual que cada idioma tiene su diccionario de palabras con las que construir frases, cada familia de procesadores tiene su juego de instrucciones con las que construir programas. La clasificación básica basada en esta característica es la siguiente:

▶ **Arquitecturas RISC** (*reduced instruction set computer*): tienen un diccionario con pocas instrucciones simples. El controlador es sencillo y el chip en el que se integra, pequeño. Tienen una alta velocidad de ejecución de instrucciones (al ser instrucciones simples). Tienen un consumo reducido. Los programas suelen ser grandes: al no disponer de instrucciones "para todo", cualquier operación que se haga deberá ser una combinación de instrucciones simples. Las arquitecturas ARM que llevan la mayoría de los teléfonos móviles y la arquitectura AVR que llevan los micros de Arduino son familias de arquitecturas evolucionadas de la arquitectura RISC.

▶ **Arquitecturas CISC** (*complex instruction set computer*): tienen un diccionario de instrucciones grande con instrucciones muy variadas (en algunos casos equivalen a muchas instrucciones simples). Esto hace que el procesador sea complejo y necesite un consumo alto, pero reduce el código del programa.

En los robots móviles es importante que un microprocesador ocupe poco espacio (debido al tamaño reducido del robot) y consuma poca energía (para que el robot tenga una autonomía larga), por ello se utilizan micros con arquitectura RISC. Esto ocurre también en los teléfonos móviles y en la mayoría de los dispositivos electrónicos que podemos encontrarnos que tengan un micro integrado (por ejemplo, mandos a distancia, televisores, etc.). Sin embargo, los ordenadores personales utilizan arquitecturas CISC, ya que resulta más importante tener una gran potencia que un reducido consumo y espacio.

Ahora somos capaces de responder estas preguntas:

1. ¿Cuál es la arquitectura de un microprocesador de un ordenador personal? Arquitectura Von Neumann con un juego de instrucciones CISC.

2. ¿Cuál es la arquitectura del microcontrolador que hay en un mando a distancia, en un teléfono móvil o en un robot? Arquitectura Harvard con un juego de instrucciones RISC.

5.2.3 Ancho de palabra

Cuando decimos que un procesador es de 8, 16, 32 o 64 bits nos estamos refiriendo al concepto de ancho de palabra del microprocesador. Este concepto se refiere al número de bits que pueden ser tratados "como un conjunto" por el procesador. Por ejemplo, en un procesador de 16 bits los registros serán de 16 bits y las operaciones se realizarán entre números de 16 bits. El ancho de palabra está ligado a la potencia del procesador: por lo general un procesador de 64 bits será más potente que uno de 32 bits. Para entenderlo pongamos el ejemplo de una calculadora: las calculadores normales aceptan entre 8 y 10 dígitos de entrada con operaciones simples, mientras que las científicas, que son más potentes, aceptan más dígitos y operaciones complejas.

5.2.4 ACTIVIDAD: Simulación de un procesador Von Neumann

Para entender mejor el funcionamiento de un microprocesador lo mejor es utilizar simuladores. Un simulador es una herramienta software (programa) que nos permite replicar el comportamiento de un elemento real (en este caso un microprocesador) que no tenemos físicamente, por lo que son tremendamente útiles.

Hay multitud de simuladores en Internet que se pueden utilizar *offline* (se deben descargar) u *online* (para ser utilizados directamente desde un navegador). Por ejemplo, en este libro proponemos emplear el simulador *online* VNSimulator, desarrollado por Lorenzo Ganni y disponible en http://vnsimulator.altervista.org/.

Al escribir dicha dirección en un navegador nos aparece el esquema de un procesador Von Neumann simplificado (véase la Figura 5.5). En él podemos identificar la unidad aritmético-lógica (ALU), que será la encargada de realizar las operaciones; y la unidad de control (*decoder*), que será la encargada de controlar el funcionamiento del procesador decodificando las instrucciones. Podemos identificar también el registro IR, donde se guarda la instrucción procedente de memoria; el registro PC, que contiene el contador de programa (línea que se está ejecutando en cada instante); y el registro ACC (acumulador), que guarda temporalmente el resultado obtenido de la operación realizada en la ALU. La memoria (RAM), al ser de un procesador Von Neumann, incluirá tanto instrucciones (parte superior derecha) como datos (parte inferior derecha).

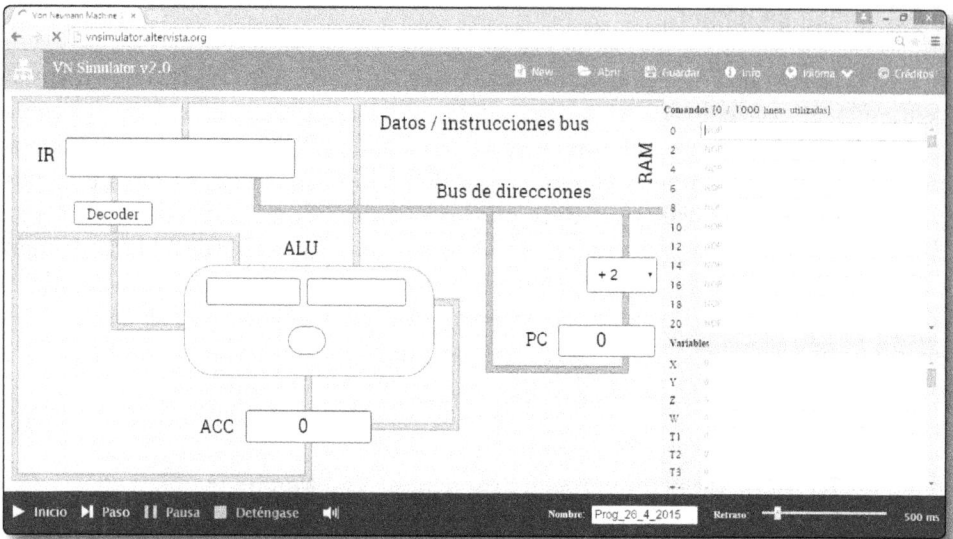

Figura 5.5. Simulador VNSimulator de http://vnsimulator.altervista.org/

El juego de instrucciones de este procesador es muy reducido, por lo que podríamos decir que es un procesador de arquitectura RISC. En él encontramos las siguientes instrucciones (véase la Tabla 5.1):

LOD var	Carga el contenido de una variable almacenada en memoria en el registro acumulador
ADD var	Suma una variable contenida en memoria con lo que haya en el registro acumulador y lo guarda en el acumulador
MUL var	Multiplica una variable contenida en memoria con lo que haya en el acumulador y lo guarda en el acumulador
LOD #num	Carga en el acumulador el valor de #num
ADD #num	Suma el valor de #num con el contenido que haya en acumulador y lo guarda en el acumulador
MUL #num	Multiplica el valor #num con el contenido que haya en el acumulador y lo guarda en el acumulador
STO var	Almacena lo que hay en el acumulador en una variable en memoria
SUB var	Resta una variable contenida en memoria con lo que haya en el registro acumulador y lo guarda en el acumulador
SUB #num	Resta el valor #num con el contenido que haya en el acumulador y lo guarda en el acumulador
DIV var	Divide una variable contenida en memoria con lo que haya en el registro acumulador y lo guarda en el acumulador

DIV #num	Divide el valor #num con el contenido que haya en el acumulador y lo guarda en el acumulador
JMZ var	Salta a la dirección de memoria almacenada en una variable de memoria si la operación que se haya realizado antes ha dado de resto 0.
JMP var	Salta a la dirección de memoria almacenada en una variable de memoria
NOP	No realiza ninguna operación
HLT	Para lo que estuviera haciendo en ese momento

Tabla 5.1. El juego de instrucciones del microprocesador del simulador VNSimulator

Por ejemplo, vamos a escribir un programa que reste dos números cualquiera y almacene el resultado en memoria: $Z = X - Y$.

5.2.4.1 ESCRITURA DEL PROGRAMA

En general, para que una ALU pueda operar con dos números (en este caso restar) hace falta que uno de ellos esté en el registro acumulador y el otro provenga de memoria. Por ello, el programa deberá tener las siguientes instrucciones:

LOD X	Cargamos en el registro acumulador el primer número (que viene de una zona de memoria que llamamos X)
SUB Y	Restamos lo que hay en el acumulador con el segundo número (que viene de otra zona de memoria que llamamos Y)
STO Z	Restamos el contenido del acumulador (que es el resultado de la resta) en una variable Z que almacenaremos en memoria

Tabla 5.2. Programa que resta dos números

Como estamos simulando un procesador Von Neumann, deberemos tener en la memoria principal tanto las instrucciones como los datos. Las instrucciones las colocaremos en direcciones de memoria consecutivas. Como vemos en la Figura 5.6, en el recuadro de la memoria RAM las direcciones vienen dadas por incrementos de 2 bytes (0, 2, 4, 6…). Esto nos indica que el procesador tiene un ancho de palabra de 2 bytes, es decir, 16 bits (1 byte = 8 bits). Por lo tanto, cada instrucción tendrá un tamaño de 2 bytes. Debemos escribir el código o programa en estas direcciones de memoria consecutivas. Vemos que las variables están almacenadas en la misma memoria RAM, y que tenemos un mismo bus para datos y para instrucciones, lo que efectivamente nos confirma que estamos trabajando con un procesador Von Neumann.

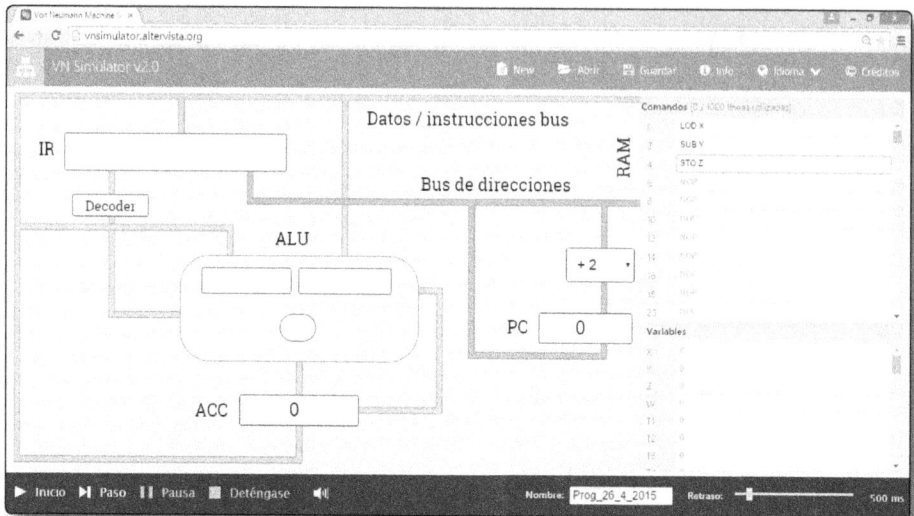

Figura 5.6. Memoria RAM (recuadro derecho) donde se almacenan tanto los programas (instrucciones) como los datos (variables)

Una vez colocadas nuestras instrucciones (es decir, nuestro programa) en la memoria, podemos introducir en la memoria las variables. Por ejemplo, escribiremos en la variable X un 4 y en la variable Y un 2.

5.2.4.2 EJECUCIÓN DEL PROGRAMA

Ahora pulsamos el botón de inicio para ver cómo se ejecuta en nuestro procesador el programa que acabamos de escribir. En pantalla se mostrará la siguiente simulación:

1. Lo primero que hace el procesador es leer de la dirección de memoria que apunta el PC (contador de programa). Como el PC valía 0, se introduce en IR el contenido de la dirección de memoria de dirección 0 (véase la Figura 5.7).

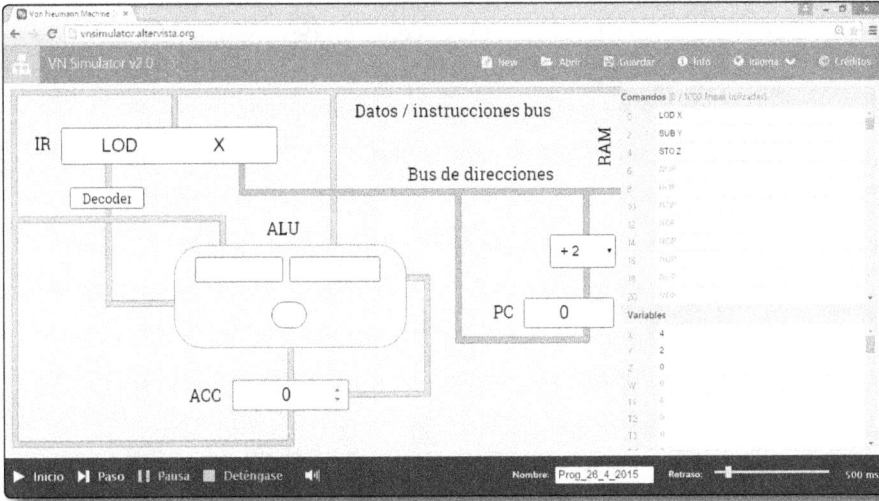

Figura 5.7. Carga en el registro IR de la primera instrucción del programa

Una vez que está la instrucción en el registro IR, el *decoder* obtiene el significado de esa instrucción. En este caso, como la instrucción es LOD X, la unidad de control realiza los pasos para meter el contenido de la dirección de memoria X en el acumulador. Ahora el acumulador valdrá 4. Una vez que termina con esta instrucción, la unidad de control aumenta el PC en 2 bytes para que en el siguiente ciclo se lea la siguiente instrucción del programa. Todo esto se puede ver en la Figura 5.8.

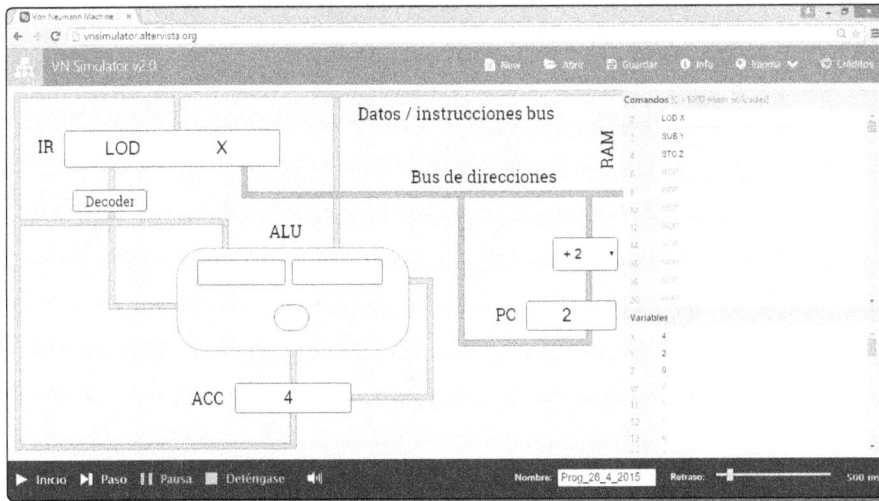

Figura 5.8. Actualización de los registros ACC (acumulador) y PC (contador de programa)

2. El procesador mira el PC (que ahora vale 2) y carga en el IR el contenido de la memoria a la que apunta el contador de programa (que, como vemos en la Figura 5.9, es SUB Y).

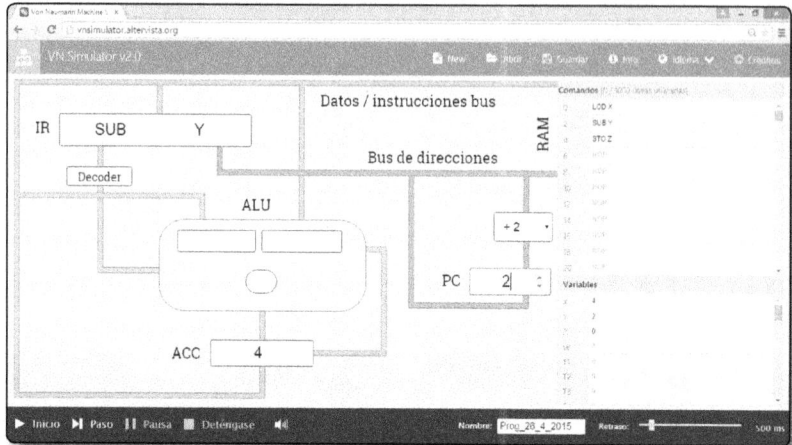

Figura 5.9. Carga en el registro IR de la segunda instrucción del programa

La unidad de control, al decodificar la instrucción, identifica que tiene que restar el acumulador con lo que haya en la dirección de memoria de la variable Y. Por ello, lo siguiente que hace es cargar en la ALU, por un lado, el contenido del acumulador, y, por otro lado, el contenido de la variable Y. Por último los resta guardando el resultado de nuevo en el acumulador. Una vez terminado aumenta el PC en dos unidades, como vemos en la Figura 5.10.

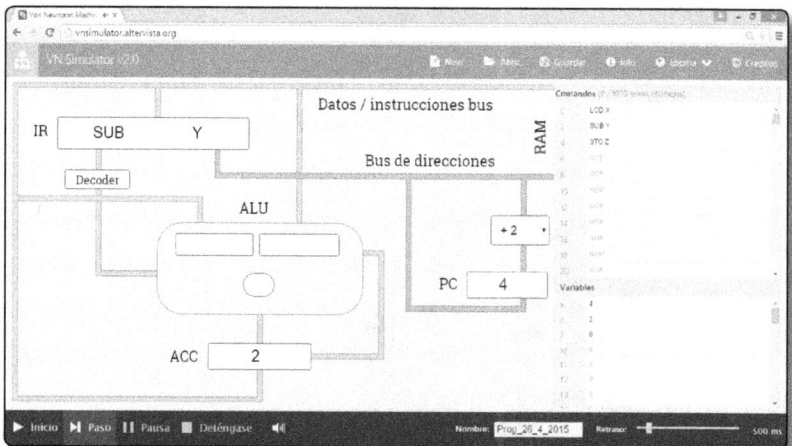

Figura 5.10. Resta en la ALU y actualización del PC

3. El procesador lee del contenido de memoria apuntado por el PC (que ahora es 4) y lo introduce en el registro IR. Vemos en la Figura 5.11 que ahora IR contiene la instrucción STO Z. Esta instrucción está diciendo a la unidad de control que debe meter el contenido del acumulador en la variable Z.

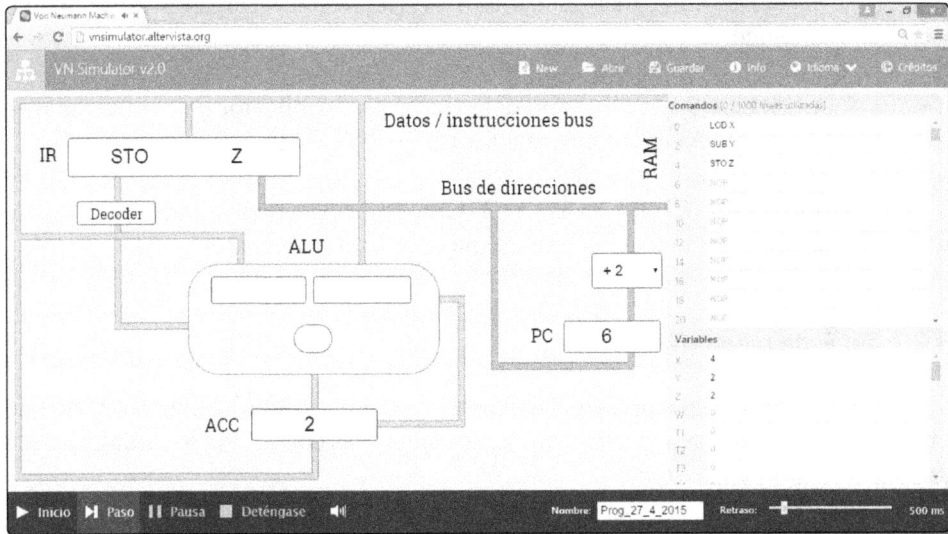

Figura 5.11. Almacenamiento del contenido del acumulador en la variable Z de memoria

Como vemos, en la dirección de memoria apuntada por Z tendríamos almacenado el resultado de la resta, que es 2.

Este era un ejemplo muy sencillo que nos ha servido para descubrir el funcionamiento básico de los microprocesadores. En la web de VNSimulator podremos encontrar otros ejemplos en donde aplicar otras instrucciones, como multiplicaciones, divisiones, saltos, etc.

5.3 MEMORIAS

Hemos visto que las CPU o microprocesadores necesitan de memorias adicionales para almacenar instrucciones y datos. Una memoria es un dispositivo capaz de guardar el estado de un bit durante cierto tiempo. Está agrupada en casillas o celdas cada una con la capacidad de almacenar un dato del ancho de palabra de la memoria (uno o varios bytes).

5.3.1 Principios físicos de funcionamiento

Las memorias pueden ser construidas según los siguientes principios físicos de funcionamiento:

▼ **CAPACITIVO**: basado en condensadores eléctricos. Si los condensadores están cargados, representan un 1 lógico; si se descargan, representan un 0 lógico.

▼ **FUSIBLES**: un filamento delgado de semiconductor que se quema o se deja intacto para representar un 1 o un 0 lógicos.

▼ **ORIENTACIÓN MAGNÉTICA**: la orientación determinada de un dispositivo magnético representa un 1 o un 0 lógicos.

5.3.2 Tipos de memoria

Las memorias pueden ser clasificadas **según su utilidad**. Ya hemos visto que en los microprocesadores tenemos diferentes memorias con diferentes utilidades que podemos resumir en:

▼ **Registros**: como vimos, son elementos de almacenamiento temporal en la CPU (memoria de corto plazo) utilizados para guardar instrucciones (registro IR), almacenar resultados (acumulador), etc. Estas memorias tienen un tamaño del ancho de palabra de un procesador (8, 16, etc.).

▼ **Memoria de instrucción/datos**: son relativamente grandes. Utilizadas en arquitecturas Von Neumann. Solo guardan datos mientras la CPU funciona.

▼ **Memoria de programa**: relativamente grande. Utilizadas en arquitecturas Harvard. Mantienen los datos incluso con la CPU apagada.

▼ **Memoria de datos**: relativamente grande. Utilizadas en arquitecturas Harvard. Almacenan datos mientras la CPU funciona.

Si las clasificamos **según su tecnología** podemos encontrarnos:

▼ **Memorias RAM** (*random access memory*): son rápidas ya que permiten acceder directamente a cualquier casilla o celda. Sirven para el almacenamiento temporal (pierden la información cuando se les desconecta la alimentación), por lo que son útiles como memorias de datos.

▼ **Memorias ROM (***read only memory***)**: son más lentas que las RAM, ya que para acceder a un elemento de la memoria se necesita acceder a todos los anteriores. Sin embargo, no pierden la información cuando se desconecta la alimentación, por lo que son útiles como memorias de programa. Imaginemos, por ejemplo, un mando a distancia: el programa que se ejecuta en su microcontrolador nunca se borra, ni siquiera cuando desconectamos las pilas.

Las memorias ROM pueden clasificarse a su vez en:

● **EPROM (***erasable-programable read only memory***)**: funcionan con el principio de fusibles. Se programan eléctricamente. Una vez programadas pueden borrarse mediante luz ultravioleta; por eso, estas memorias tienen una especie de ventana donde aplicar esta luz (véase la Figura 5.12).

Figura 5.12. Memoria EPROM

● **EEPROM (***electrically erasable-programable read only memory***)**: funcionan también con el principio de fusibles. Pueden borrarse con impulsos eléctricos controlados (no hace falta luz ultravioleta), por ello son las más utilizadas actualmente.

- **Flash**: son una evolución de las EEPROM. Permiten la lectura y escritura de múltiples posiciones de memoria en la misma operación. Gracias a ello, la tecnología Flash permite velocidades de funcionamiento muy superiores frente a la tecnología EEPROM, que solo permite actuar sobre una única celda de memoria en cada operación de programación. Se trata de una tecnología muy empleada en las memorias USB.

> ### ⓘ ACTIVIDAD
> En el libro de actividades se muestran varios ejemplos donde los programas que se cargan en los microcontrolador son almacenados en la memoria Flash o memoria EEPROM.

5.3.3 Buses de memoria

Como vimos en la Figura 5.4, los procesadores tienen un bus de direcciones para identificar las celdas de memoria sobre las que se quiere leer o escribir, y un bus (o buses, si es una arquitectura Harvard) de datos e instrucciones por donde entran y salen datos e instrucciones de cada una de las casillas o celdas de la memoria. En la Figura 5.1 también podíamos ver el bus de direcciones y de datos e instrucciones en el simulador VNSimulator.

5.3.4 Tamaño de memoria direccionable

A veces el concepto de ancho de palabra visto en los microprocesadores se aplica también al tamaño de memoria que se puede direccionar o a la que se puede acceder desde el procesador. Por ejemplo, en la mayoría de los microprocesadores actuales el bus de dirección es de 32 bits, lo que permite especificar a la CPU 2^{32} = 4.294.967.296 direcciones de memoria distintas. Las direcciones de memoria se expresan a menudo en hexadecimal, para ahorrar caracteres, agrupando los bits de cuatro en cuatro desde la derecha. Por ejemplo, para no tener que escribir 0011 1111 0101 0000 0000 0000 1010 1100 podemos escribir 3 F 5 0 0 0 A C en hexadecimal.

5.4 PERIFÉRICOS

Son dispositivos de propósito específico que intercambian datos con el procesador y le añaden funcionalidades. En un microcontrolador podemos encontrar diferentes tipos de periféricos. Lo común es que estos correspondan a puertos de entrada/salida que pueden ser analógicos (pueden tomar cualquier valor) o digitales (valen 0 o 1). Desde el punto de vista electrónico decimos que un dispositivo es analógico cuando los niveles de tensión que proporcionan sus entradas/salidas pueden tomar cualquier valor entre un rango determinado (por ejemplo, un potenciómetro). El dispositivo será digital cuando solo admita dos valores de tensión en sus entradas/salidas. Por ejemplo un LED puede estar encendido (5v) o apagado (0v).

Los puertos, según cómo transmitan la información, podemos clasificarlos como paralelos o serie. Un puerto es de tipo paralelo cuando sus entradas/salidas se utilizan para leer directamente valores (señales de voltaje) de sensores digitales o analógicos. Mientras que un puerto es de tipo serie cuando utilizamos las entradas y salidas para comunicarnos, mediante un protocolo serie, con otros microcontroladores o dispositivos. A continuación estudiamos los periféricos más comunes según sean paralelos o serie.

5.4.1 Puertos paralelos

5.4.1.1 SALIDAS DIGITALES EN PARALELO

Se suelen utilizar para controlar relés, LED, etc. Se caracterizan por una corriente máxima individual y una máxima común. Existe un tipo especial, que se llaman salidas de potencia, que permiten activar elementos que requieren una corriente o tensión elevada. Para ello se utilizan circuitos especiales como son:

1. Montajes Darlington (basados en transistores).

2. Control de relé.

3. Control de *triacs* (basados en transistores con la función de interrumpir o dejar pasar corriente alterna).

5.4.1.2 SALIDAS DIGITALES CON PWM

Los microcontroladores no suelen disponer de salidas analógicas porque son muy caras y difíciles de implementar. A cambio utilizan salidas digitales con PWM (del inglés *pulse width modulation*, modulación por ancho de pulso). Básicamente, la PWM consiste en sacar a través de la salida digital una onda cuadrada cuyo ancho puede ser variado (véase la Figura 5.13).

En la práctica, una salida en PWM puede servir para emular un valor analógico cuyo valor medio viene definido por el ancho de pulso respecto al período (véase la Figura 5.13a). También puede servir para enviar información codificada convirtiendo el puerto en un canal de comunicaciones serie. En la Figura 5.13b puede observarse un ejemplo en el que el tamaño del pulso respecto a la señal de reloj determina un valor decimal: ningún pulso en la señal equivale al dato 0, un pulso igual de ancho que la señal de reloj significa un 1, un pulso el doble que la señal de reloj significa un 2, etc.

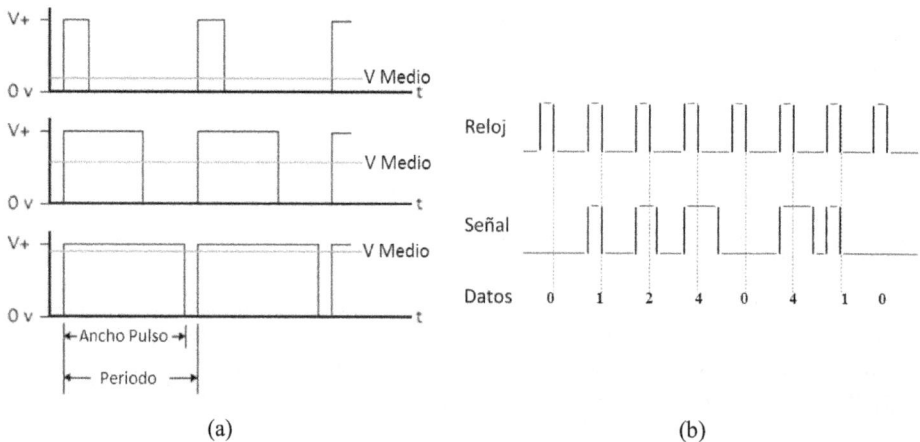

Figura 5.13. a) PWM utilizado para emular una salida analógica. b) PWM utilizado para trasmitir datos convirtiendo una entrada/salida en un puerto de comunicaciones serie

La simplicidad de la PWM y sus aplicaciones hacen que muchos microcontroladores incorporen este tipo de salidas. Por ejemplo, todos los microcontroladores Atmel que incorporan las placas Arduino tienen este tipo de salidas, que vienen indicadas en la numeración de los pines con el símbolo ~ (véase la Figura 5.14).

Figura 5.14. Pines en Arduino UNO que pueden actuar como salidas PWM

Las aplicaciones en robots de las salidas PWM son variadas: comunicaciones por infrarrojos, control de la posición de los servomotores, etc.

ⓘ **ACTIVIDAD**

En el libro de actividades podemos encontrar los siguientes proyectos relacionadas:

- Apartado 1.2.2: Control de la luminosidad de un LED.

- Apartado 1.2.10: Control de la posición de un servomotor.

- Apartado 1.2.12: Control de la velocidad de giro de un motor de corriente continua.

- Apartado 1.2.18: Transmisión información a través de un emisor/receptor infrarrojo.

- Apartado 1.2.22: Generación de tonos con un zumbador.

5.4.1.3 ENTRADAS DIGITALES EN PARALELO

Se denominan pines de entrada digitales y se utilizan para lectura de pulsadores, teclados, interruptores o, en general, para leer cualquier dispositivo todo/nada. Pueden estar optoacopladas, lo que permite el aislamiento eléctrico entre los circuitos de entrada y salida.

En los robots, las entradas en paralelo digitales son muy útiles y pueden servir para multitud de aplicaciones, como encender LED, detectar colisiones utilizando pulsadores, seguir líneas con sensores de luz, etc.

ⓘ **ACTIVIDAD**

En el libro de actividades podemos encontrar los siguientes proyectos relacionados:

- Apartado 1.2.3: Activación de un LED mediante un pulsador.

- Apartados 1.2.11 y 2.3.4: Detección de obstáculos con pulsadores.

- Apartado 1.2.14: Seguimiento de líneas con sensores infrarrojos digitales.

5.4.1.4 ENTRADAS DE ALTA IMPEDANCIA Y RESISTENCIAS PULL-UP O PULL-DOWN

Es común que las entradas en los microcontroladores sean de "alta impedancia". Esto significa que el circuito de lectura de la entrada demanda muy poca corriente, lo que permite leer sensores cuya señal es muy débil. Sin embargo, este tipo de entradas tienen el problema de ser muy sensibles al ruido, como, por ejemplo, el producido por la electricidad estática. Por ello, a este tipo de entradas se les suele acoplar un circuito muy simple llamado resistencia *pull-up* o *pull-down* que evite los problemas producidos por el ruido eléctrico. De hecho, muchos microcontroladores, como los Atmel de las placas Arduino, incorporan estas resistencias que pueden activarse electrónicamente.

Básicamente, una resistencia *pull-up*, como muestra la Figura 5.15.b, conecta una entrada a 1 (conectada a +V) hasta que el sensor externo, como puede ser un interruptor, la puentea con masa (la pone a 0). Por el contrario, una resistencia *pull-down* (Figura 5.15.a) conecta una entrada a 0 (masa) hasta que un sensor externo la pone a 1 (lo puentea a +V).

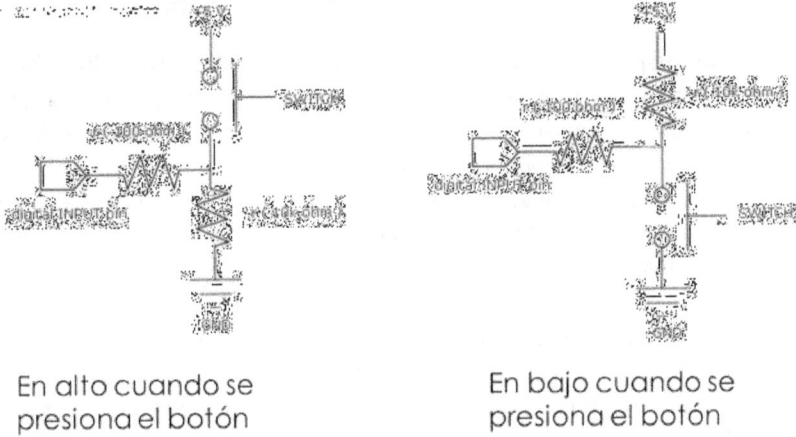

En alto cuando se
presiona el botón

En bajo cuando se
presiona el botón

Figura 5.15. a) Interruptor conectado a una entrada con resistencia pull-down. b) Interruptor conectado a una resistencia pull-up

---

(i) **ACTIVIDAD**

En el apartado 1.2.3 del libro de actividades se muestra un ejemplo práctico de cómo sin estos circuitos las entradas de un microcontrolador Arduino sufren los efectos indeseados de los ruidos eléctricos, y cómo, cuando les conectamos estas resistencias pull-up, los ruidos desaparecen.

5.4.2 Puertos serie

Los puertos serie son entradas y salidas digitales que se utilizan para transmitir datos de manera secuencial (un dato tras otro). En el apartado anterior ya vimos cómo un dispositivo PWM podría servir para realizar una comunicación serie con un protocolo muy sencillo a través de una salida digital (ejemplo de la Figura 5.13b). Por lo tanto, para realizar este tipo de comunicación necesitamos dispositivos que adapten las señales y protocolos que definan el lenguaje para que los periféricos se entiendan. A continuación presentamos los dispositivos más comunes que permiten a los microcontroladores utilizar puertos para comunicación serie y los protocolos más utilizados.

5.4.2.1 UART (UNIDAD DE TRANSMISIÓN SERIE ASÍNCRONA)

Es un dispositivo electrónico que llevan los microcontroladores y los ordenadores para traducir datos de paralelo a serie. Para ello utiliza un registro llamado de "desplazamiento" que va introduciendo secuencialmente todos los datos que se quieren enviar. La palabra "asíncrona" significa que no necesita una señal de reloj común para sincronizar el emisor y el receptor. Para que el receptor reciba bien los datos, estos se envían en tramas (véase la Figura 5.16). Estas tramas están compuestas por los siguientes campos:

▶ Un bit de comienzo que indica que se ha comenzado a enviar una trama.

▶ Entre 5 y 8 bits de datos. Estos datos corresponden a la información que el emisor quiere enviar; pueden ser caracteres, lecturas de sensores, etc.

▶ Uno o dos bits de paridad. Sirve para que el receptor compruebe si los datos recibidos son correctos. El emisor pone un 1 en este bit si el número de unos en los datos es impar, y un 0 si es par. El receptor cuenta los unos en los datos y comprueba si coinciden con el bit de paridad. Si no es así, se considera que la trama es errónea (ha ocurrido un error durante la transmisión).

▶ El bit de parada, que es opcional. Sirve para indicar al receptor que se han dejado de enviar datos.

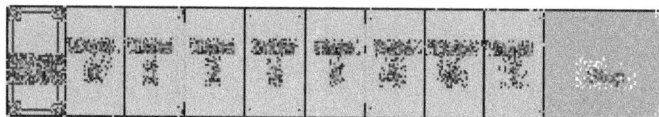

Figura 5.16. Estructura de una trama enviada por puerto serie

Se dice que la comunicación puede ser *full duplex* cuando se puede enviar y recibir al mismo tiempo, y *half duplex* cuando solo se puede hacer una de las dos cosas en cada instante. La velocidad típica de comunicación va de 9.600 baudios (9.600 bits en un segundo) a 115.200 baudios. Normalmente, en la comunicación serie a través de una UART se utiliza el protocolo RS232 que veremos a continuación.

5.4.2.2 USART (UNIDAD DE TRANSMISIÓN/RECEPCIÓN SÍNCRONA Y ASÍNCRONA)

Es un dispositivo serie, como el anterior, pero que permite comunicaciones síncronas (con una señal de reloj común entre emisor y receptor) además de asíncronas. Los dispositivos que usan USART suelen ser más rápidos (hasta 16 veces) que un adaptador UART; por ello, hoy la mayoría de los microcontroladores incorporan USART.

> ### ⓘ ACTIVIDAD
> En el libro de actividades se muestran dos proyectos prácticos de utilización de puertos serie para:
> - Comunicar un robot Arduino con un PC (Apartado 1.2.7).
> - Comunicarse con una pantalla LCD (Apartado 1.2.21).

5.4.3 Protocolos serie

Existen varios protocolos para la comunicación serie que se utilizan en microcontroladores. Estos protocolos definen cómo debe realizarse la comunicación y permiten comunicarse con sensores, pantallas LCD, motores, etc. Los más utilizados se describen a continuación.

5.4.3.1 RS232

Ha sido el estándar de comunicaciones serie más utilizado hasta la aparición del USB. Muchos micros lo siguen utilizando aún por su sencillez. El estándar completo tenía 25 pines (DB-25), aunque normalmente solo se usan 9 (DB-9, véase la Figura 5.17) para las comunicaciones con módem. Sin embargo, para las comunicaciones entre micros solo hacen falta 3 cables: tierra, el cable de transmisión (TX) y el cable de recepción (RX). En estos casos lo que se hace es cruzar los cables de envío y recepción para que lo que envía uno lo reciba el otro y viceversa. A este tipo de conexiones se les llama módem nulo (véase la Figura 5.17).

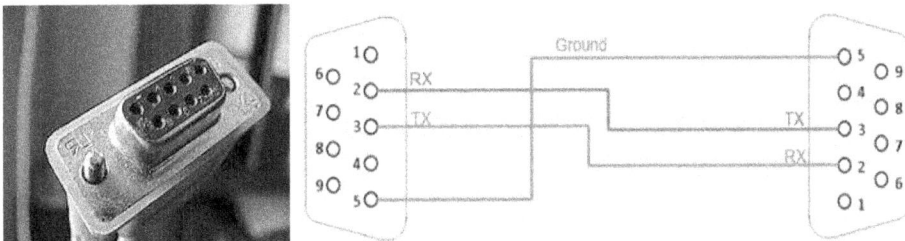

Figura 5.17. Conexión DB-9 (9 pines) de un cable RS232. Conexión en módem nulo para la comunicación directa entre dos dispositivos con RS232

5.4.3.2 USB (UNIVERSAL SERIE BUS [1996])

Surge como un consorcio de varias empresas (Intel, IBM, Microsoft, Compaq…) para mejorar la capacidad de *plug & play* (conectar y usar) de los periféricos, lo que produjo una rápida expansión. Puede servir además como fuente de alimentación. En función de la versión, presenta las siguientes velocidades:

▼ **Baja** (v1.0): hasta 1,5 Mbps (por ejemplo, teclado, ratón…).

▼ **Completa** (1.1): hasta 12 Mbps.

▼ **Alta** (v2.0): hasta 480 Mbps (generalmente de 125 Mbps). La más habitual.

▼ **Super alta** (v3.0): hasta 4,8 Gbps.

Las tarjetas, como las de Arduino (véase la Figura 5.18), contienen micros auxiliares (como el FT232R) que adaptan la señal serie del microcontrolador al protocolo USB.

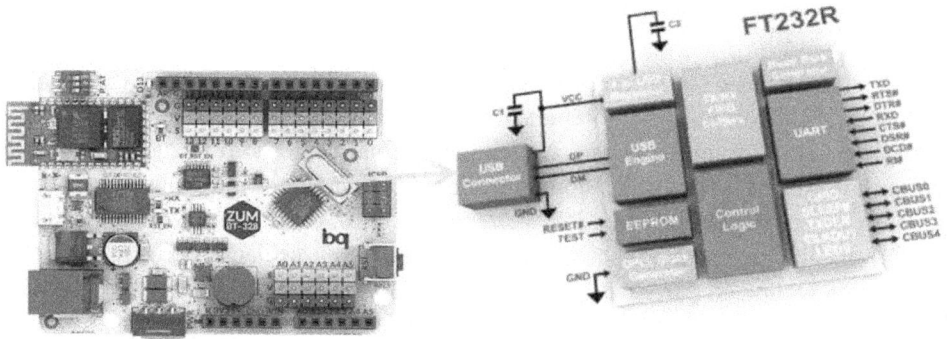

Figura 5.18. Integrado que incorpora la tarjeta compatible con Arduino ZumBT para conversión RS232 a USB

5.4.3.3 PROTOCOLOS SPI E I2C

Son protocolos de comunicación síncrona entre dos dispositivos digitales, es decir, además de las líneas de datos necesitan compartir en una línea una señal de reloj. Ambos protocolos permiten comunicaciones maestro-esclavo. El maestro, que suele ser el microcontrolador principal, dirige cómo se realiza la comunicación entre los periféricos, que se denominan esclavos. Para el caso del SPI se necesitan 4 líneas o señales (véase la Figura 5.19a), mientras que en el I2C se necesitan 3 líneas (Figura 5.19.b). Ambos protocolos son muy utilizados para la comunicación con dispositivos como pantallas LCD o sensores.

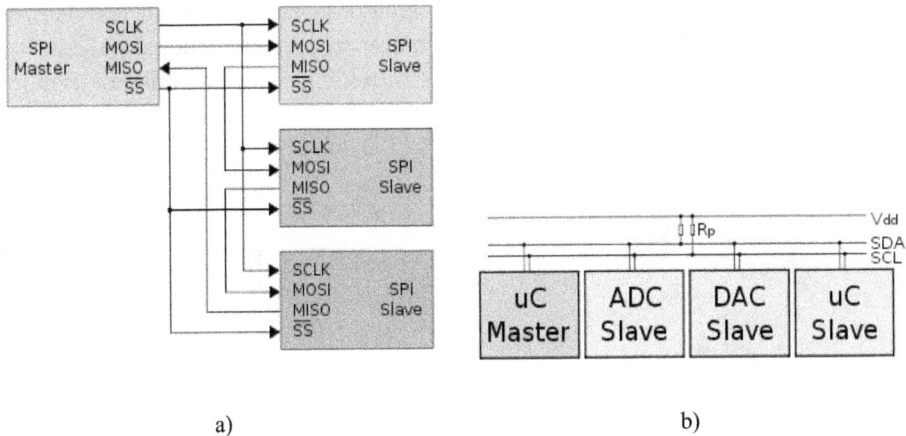

a)   b)

Figura 5.19. a) Comunicación con protocolo SPI. b) Comunicación con protocolo I2C

(i) **ACTIVIDAD**

En el apartado 1.2.21 del libro de actividades se muestra un ejemplo práctico de utilización de puertos SPI para programar una pantalla LCD a través de una placa Arduino.

5.4.4 Comunicaciones serie inalámbricas

Hasta ahora hemos visto tipos de comunicaciones que necesitan cables. Pero hoy, la mayoría de los dispositivos tienen sistemas para comunicarse de forma inalámbrica (por ejemplo, mandos a distancia en los televisores, Bluetooth y wifi en los móviles, etc.). A continuación se exponen los sistemas de comunicación sin cables más utilizados en robótica.

5.4.4.1 INFRARROJOS

Consisten en un LED emisor de luz infrarroja que envía tramas a una frecuencia de 38,5 kHz. El receptor escucha en esa frecuencia, teniendo como salida un tren de pulsos que contiene los datos transmitidos (véase la Figura 5.20). Hay una razón para enviar datos en una frecuencia de 38,5 kHz: muchas fuentes de luz (como el sol o las bombillas incandescentes) emiten también luz infrarroja, por lo que podrían provocar interferencias en un mando a distancia de un televisor que estuviera recibiendo luz por una ventana. Sin embargo, nada en la naturaleza emite luz a esa frecuencia, por lo que con un simple filtro de frecuencia podemos evitarnos esas interferencias.

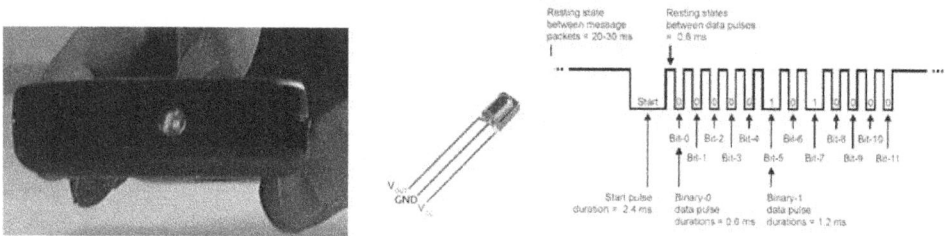

Figura 5.20. a) Mando a distancia infrarrojo. b) LED de infrarrojo. c) Tren de pulsos que contiene los datos

---

ⓘ ACTIVIDAD

Los siguientes proyectos del libro de actividades utilizan la comunicación por infrarrojos para:
- Encender el LED de Arduino con un mando a distancia.
- Cambiar de canal en un televisor con un Arduino (Apartado 1.2.18).
- Mover un robot basado en Arduino con un mando a distancia (Apartado 1.2.19).

5.4.4.2 BLUETOOTH

Es hoy una de las tecnologías inalámbricas más extendidas para comunicaciones punto a punto entre dispositivos. Al igual que el wifi, utiliza ondas de radio (radiofrecuencia) para transmitir datos. La mayoría de los dispositivos móviles, como tabletas o teléfonos inteligentes, tienen Bluetooth. Por ello, la mayoría de los robots educativos, como los basados en Arduino, Lego o Robobuilder tienen comunicación por Bluetooth, de manera que puedan comunicarse con esos dispositivos móviles.

Figura 5.21. Manos libres para moviles con tecnologia Bluetooth

En el caso de un robot, la comunicación con un móvil o tableta puede servir para varias cosas:

▼ Para ser programado o teleoperado desde el móvil.

▼ Para utilizar la tecnología que utiliza el móvil (sensores avanzados como el GPS, el giróscopo, la brújula o la conexión a Internet).

ⓘ **ACTIVIDAD**

En el Capítulo 3 del libro de actividades se muestran ejemplos prácticos de utilización de comunicación Bluetooth para:
- Encender el LED de Arduino con un móvil o tableta android.
- Teleoperar un robot (Arduino y Lego) a través de la pantalla de una tableta o móvil Android.
- Teleoperar un robot (Arduino y Lego) a través del giróscopo una tableta o móvil Android.

5.4.5 Otros periféricos

5.4.5.1 CONVERSORES ANALÓGICO-DIGITALES (A/D)

Son dispositivos (externos o internos del micro) que convierten la tensión analógica que viene de un sensor, por ejemplo de temperatura, luz, o de un potenciómetro, a su valor digital.

> ⓘ **ACTIVIDAD**
>
> En el libro de actividades se muestra un ejemplo práctico de utilización de conversores analógicos digitales para:
> - Leer la posición de un potenciómetro con Arduino (apartado 1.2.16).
> - Leer la luz ambiente con Arduino (apartado 1.2.17).
> - Determinar el color de un objeto con los robots de Lego (2.3.10).

5.4.5.2 CONVERSORES D/A

Obtienen una tensión analógica a partir de un valor digital. Suelen utilizar para ello la modulación de ancho de pulso (PWM) que ya se explicó en el Apartado 5.4.1.2.

> ⓘ **ACTIVIDAD**
>
> Véanse las actividades propuestas en apartado 4.4.1.2 de este libro.

5.4.6 Dispositivos específicos de los microcontroladores

Existen otros muchos dispositivos que incorporan los micros, entre ellos podemos destacar los siguientes.

5.4.6.1 INICIALIZACIÓN O RESET

La mayoría de los micros disponen de un sistema de inicialización cuando se conectan a la alimentación. Los micros poseen, además, una entrada de reinicio (*reset*) que sirve para reiniciar el programa que se esté ejecutando.

5.4.6.2 RELOJ

Todos los micros tienen integrado un oscilador que permite generar un pulso periódico para sincronizar todos sus elementos, pero necesitan un circuito externo para fijar su frecuencia (dentro del margen indicado por el fabricante). Los osciladores están fabricados con cristales de cuarzo, resonadores cerámicos o redes RC.

5.4.6.3 WATCHDOG (PERRO GUARDIÁN)

Es un temporizador que permite la recuperación del sistema ante un bloqueo. Si el programa entra en bucle infinito, o si deja de funcionar, el *watchdog* provoca un reinicio tras un tiempo predeterminado.

5.4.6.4 MONITOR DE RELOJ (CLOCK MONITOR)

Permite apagar el micro si la señal de reloj no es correcta. Esto es muy importante, porque si el reloj no funciona correctamente los cálculos que haga el micro no serán válidos.

5.4.6.5 CARGADOR DEL PROGRAMA RESIDENTE

Este programa se llama *bootloader* (cargador de arranque) y ejecuta el programa que tiene almacenado en memoria; al igual que, cuando arranca, un ordenador ejecuta el sistema operativo (Windows, Linux, etc.).

5.4.7 Métodos de atención a periféricos

La comunicación entre el procesador y el periférico está regulada de acuerdo con dos métodos:

▸ **POLLING**: el procesador revisa ordenadamente todos los periféricos para atender a cada uno de ellos secuencialmente.

▸ **INTERRUPCIONES**: el periférico que está listo para ser atendido por el procesador solicita una "interrupción" de la ejecución del programa para que el procesador lo atienda.

5.5 EJEMPLO DE LO VISTO EN UN MICROCONTROLADOR: EL ATMEGA 328P

Hasta ahora hemos descrito las características y los componentes que tienen en general los microcontroladores. En este apartado vamos a mostrar las características de un micro en particular: el ATMega 328p de Atmel que llevan muchos sistemas robóticos, como, por ejemplo, los basados en Arduino UNO.

5.5.1 Ancho de palabra

El ATMega 328p es un microcontrolador con un ancho de palabra 8 bits (véase el Apartado 5.2.3); por lo que sus instrucciones serán de 8 bits, sus registros internos (tiene un total de 32) serán de 8 bits y las operaciones en la ALU se harán entre números de 8 bits.

5.5.2 Juego de instrucciones

Este microcontrolador es de la familia AVR de Atmel. Básicamente AVR significa que es de tipo RISC, es decir, que tiene un juego de instrucciones reducido (en este caso 131 instrucciones).

5.5.3 Frecuencia de reloj

Su reloj interno funciona a una frecuencia de 20 MHz. La mayoría de las instrucciones se ejecutan en un ciclo de reloj, por lo que puede ejecutar hasta 20 millones de instrucciones por segundo (20 MIPS).

5.5.4 Arquitectura

Se dice que su microprocesador tiene una arquitectura Harvard modificada. En principio necesita una memoria de datos y otra de instrucciones. Con la "modificación" se reducen las diferencias entre memorias de datos e instrucciones: existe una memoria flash (de 32 Kb) donde se guardan los programas (esta sería una memoria mixta de instrucciones y datos) y una memoria RAM (2 Kb) donde se guardan variables (una memoria exclusivamente para datos). Al igual que ocurre con los ordenadores, la memoria RAM pierde los datos una vez que se apaga el micro. Sin embargo, tiene una memoria EEPROM (de 1 Kb) para guardar datos aunque se desconecte la alimentación del micro (esta sería otra memoria exclusiva de datos).

5.5.5 Entrada/Salida para periféricos

Tiene 23 líneas de entrada/salida programables, lo que significa que pueden utilizarse para diferentes aplicaciones. Por ejemplo pueden utilizarse como entradas/salidas digitales y 6 de ellas pueden utilizarse también como entradas/salidas analógicas (salidas mediante PWM). Además, pueden utilizarse como puertos de comunicaciones serie (utilizando la USART), SPI, I2C, etc.

Dispone de otros periféricos detallados anteriormente, como los comparadores analógicos, el *watchdog*, interruptores, etc.

En la Figura 5.22 se aprecian todos los elementos que integran el microcontrolador.

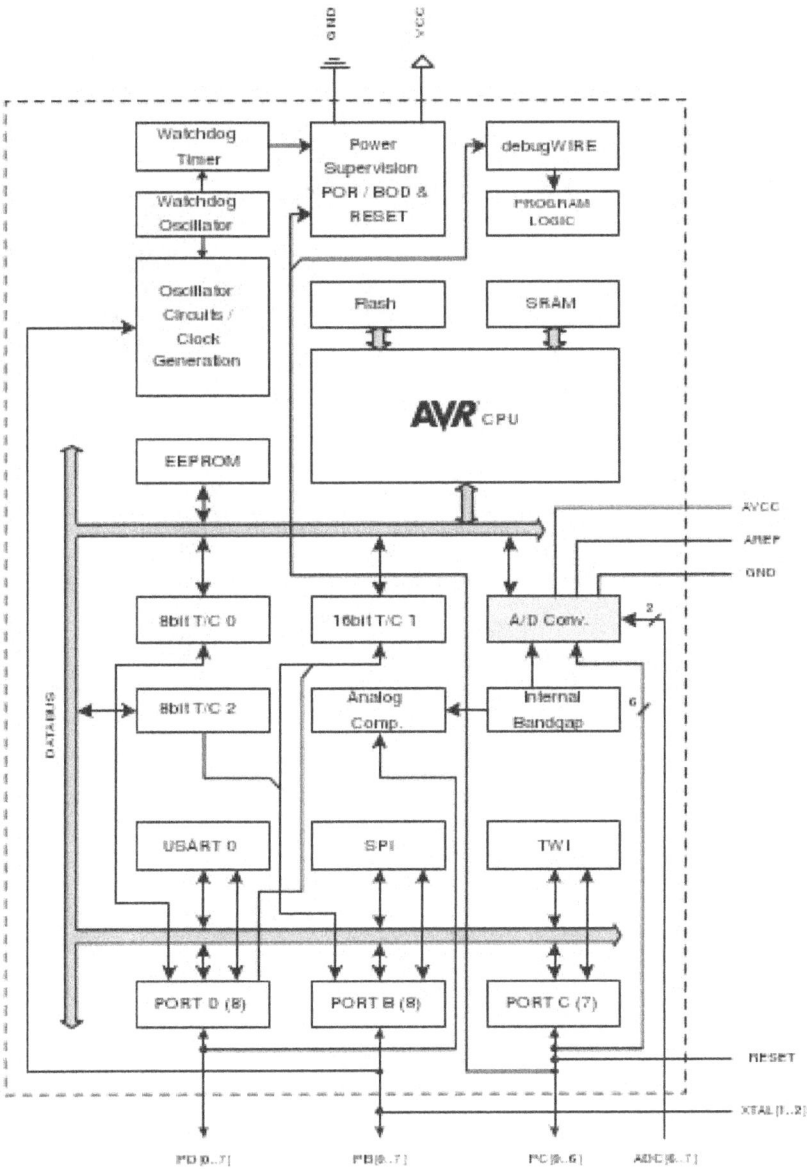

Figura 5.22. Esquema interno del microcontrolador ATMega 328p

6

PROGRAMACIÓN DE ROBOTS

En el Capítulo 5 vimos que los robots disponen de un cerebro: el microcontrolador. Pero que tengan cerebro no quiere decir que sean inteligentes: para que un robot haga algo hay que enseñarle, mediante su programación, cómo hacerlo. De hecho, no hay robots que aprendan solos. Por ahora los robots inteligentes solo existen en las películas (*Terminator*, *Matrix*, *Yo, robot*, etc.) pero muchos grupos de investigación trabajan en técnicas de inteligencia artificial (IA) que en un futuro harán que los robots aprendan de sus errores y se "autoprogramen".

Entonces, la pregunta que debemos responder en este capítulo es cómo se programa un robot, o, dicho de otra manera, cómo se programa el cerebro del robot, es decir, su microcontrolador.

Un microcontrolador es como un ordenador, por lo que programar un microcontrolador es muy parecido a programar un ordenador, con la excepción de que un programa en un robot hará que algo se mueva, mientras que en un ordenador hará aparecer algo en la pantalla.

6.1 PROGRAMACIÓN A BAJO Y A ALTO NIVEL

En el Capítulo 5 vimos también que una forma de programar micros era utilizar directamente su juego de instrucciones. A esto se le llama programar en lenguaje ensamblador o a "bajo nivel", y es muy laborioso, por lo que normalmente se programa a "alto nivel", es decir, utilizando lenguajes más sencillos que se parecen al lenguaje humano. Un programa, llamado compilador (véase la Figura 6.1), traduce el lenguaje de alto nivel al lenguaje ensamblador; y otro programa, llamado ensamblador, lo convierte al código máquina entendible por el procesador (unos y ceros).

Es decir, un robot, al igual que un ordenador, se programará con un lenguaje de programación de alto nivel, sencillo de utilizar, y luego el compilador se ocupará de traducirlo al lenguaje que realmente entiende el microprocesador.

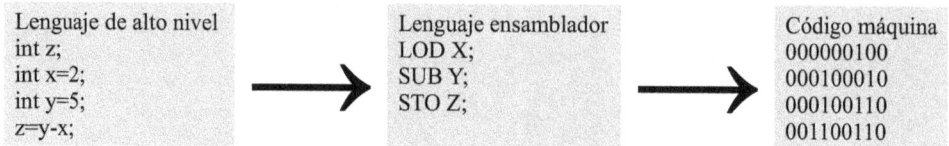

Lenguaje de alto nivel		Lenguaje ensamblador		Código máquina
int z;		LOD X;		000000100
int x=2;	→	SUB Y;	→	000100010
int y=5;		STO Z;		000100110
z=y-x;				001100110

Figura 6.1. Niveles de programación

Los lenguajes de programación de alto nivel están compuestos por tres partes fundamentales:

▼ **Instrucciones**: son operaciones específicas, ya sean matemáticas, lógicas, lecturas de sensores, actuación de motores, etc. En los lenguajes de programación, estas instrucciones pueden ser operaciones simples (por ejemplo, sumar o restar) o llamadas a funciones complejas (por ejemplo, *leer_puerto_serie* o *escribir_salida_analógica*).

▼ **Variables**: son contenedores de datos. En los lenguajes de programación, las variables pueden ser números enteros o reales, caracteres y variables lógicas (verdadero/falso), pero también se pueden tener variables de tipos complejos (estructuras) y vectores o matrices que contengan más de una variable. Además de datos variables, se pueden utilizar constantes cuyo valor no cambiará durante la ejecución del programa (esto puede ser útil para definir cantidades como el número pi, que se utiliza en muchos cálculos matemáticos y cuyo valor es fijo).

▼ **Estructuras de control**: son elementos que nos permiten dirigir la ejecución de un programa. Por ejemplo, se pueden definir bucles que repitan ciertas instrucciones una serie de veces (bucles *for* o bucles *while*) o sentencias condicionales que, dependiendo de si se cumple o no una condición, ejecuten una instrucción u otra (sentencias *if-else*).

Existen multitud de lenguajes de programación de alto nivel, pero, en función de la metodología, podemos clasificarlos en dos tipos: **lenguajes visuales** y **lenguajes textuales**. A continuación se muestran algunos lenguajes de programación utilizados en robótica educativa y cómo los tres componentes anteriormente mencionados aparecen en dichos lenguajes.

6.2 LENGUAJES VISUALES

Los lenguajes de programación visuales son los más intuitivos y sencillos de utilizar. Muchos entornos educativos utilizan este tipo de lenguajes para enseñar a programar a alumnos sin experiencia previa. Algunos ejemplos son NXT-G para programar robots Lego, Bitbloq para programar robots con Arduino y Appinventor para programar dispositivos basados en Android. A continuación se presenta cada uno de estos lenguajes en detalle. Ejemplos prácticos de su uso pueden encontrarse en el libro de actividades complementario a este.

6.2.1 Lego NXT-G y Ev-3

El lenguaje de programación NXT-G de Lego es uno de los lenguajes visuales más utilizados en robótica educativa debido a la amplia utilización de estos robots. Está basado en Labview (véase la Figura 6.2), un lenguaje gráfico profesional muy utilizado para la monitorización y control de sistemas automáticos, como por ejemplo cadenas de montaje. Está basado en bloques o instrucciones que representan los componentes electrónicos de los kits Lego NXT (véase la Figura 6.3.a). Adicionalmente, tiene estructuras de control tipo bucles *for* (véase la Figura 6.3.b) y estructuras condicionales *switch* (véase la Figura 6.4.a). Por último, permite crear variables de tipos numérico, lógico y cadena de caracteres (véase la Figura 6.4.b).

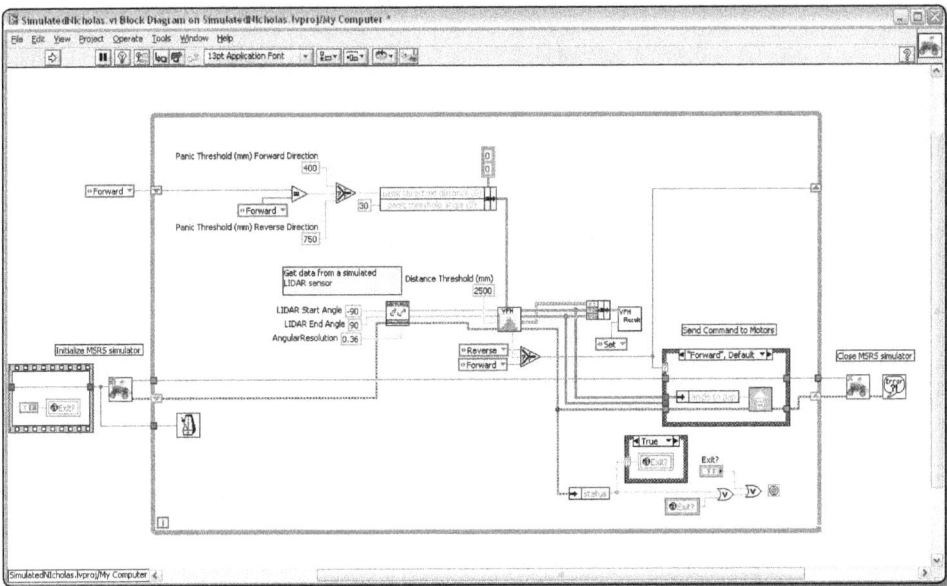

Figura 6.2. Ejemplo con Labview

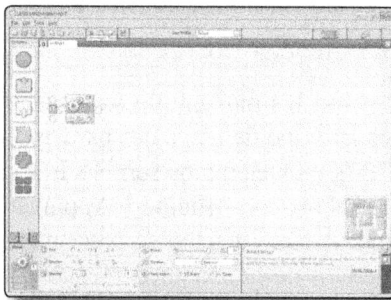
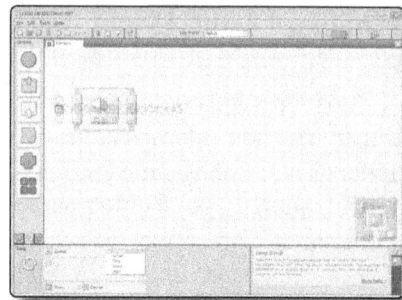

a)   b)

Figura 6.3. a) Bloque (instrucción) de movimiento que permite actuar un motor del Lego NXT. b) Bucle for que permite la ejecución repetida (infinita o hasta que se cumpla una condición) de uno o varios bloques

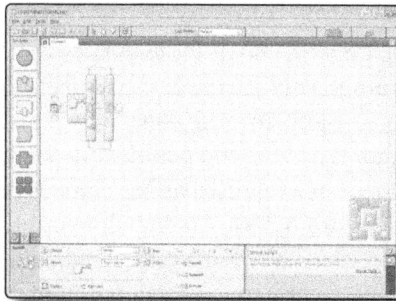
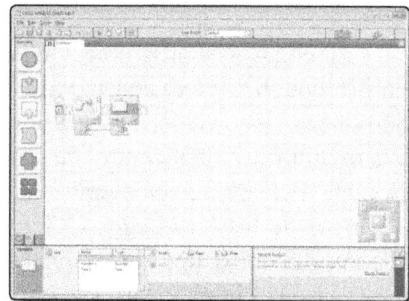

a)   b)

Figura 6.4. a) Bloque de condición (switch) que determina la línea de ejecución en función del valor de una variable o un sensor. b) Variable lógica que tenemos conectada al valor de un pulsador: si el pulsador está apretado la variable logic1 será true (verdadero)

En la actualidad el Lego NXT-G ha evolucionado al Lego Ev-3. La apariencia gráfica de los bloques en el Software de Ev-3 ha variado ligeramente, pero el concepto y la forma de programar son similares al Lego NXT-G (véase la Figura 6.5).

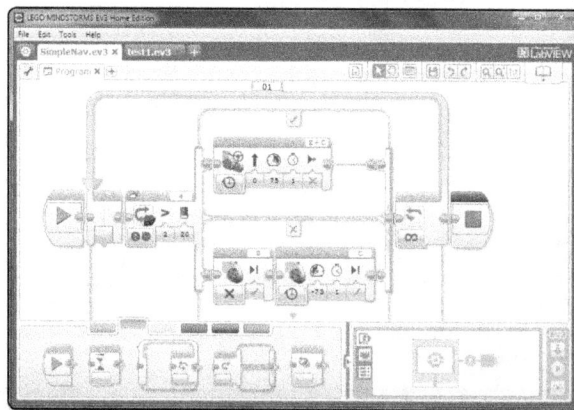

Figura 6.5. Apariencia del entorno de programación del EV-3 de Lego

---

> **ⓘ ACTIVIDAD**
>
> En el libro actividades se enseña, mediante ejemplos, a programar en NXT G y EV3.

6.2.2 BITBLOQ

Bitbloq es un entorno de programación *online* (*http://bitbloq.bq.com*) desarrollado por la empresa española BQ para la programación de kits de robótica basados en Arduino (véase la Figura 6.6). Está creado a partir de bibliotecas de software con licencia libre, fundamentalmente blockly, una biblioteca desarrollada por Google para la creación de aplicaciones *online* basadas en bloques. Por ello existen otras herramientas similares a Bitbloq, como blocklyDuino.

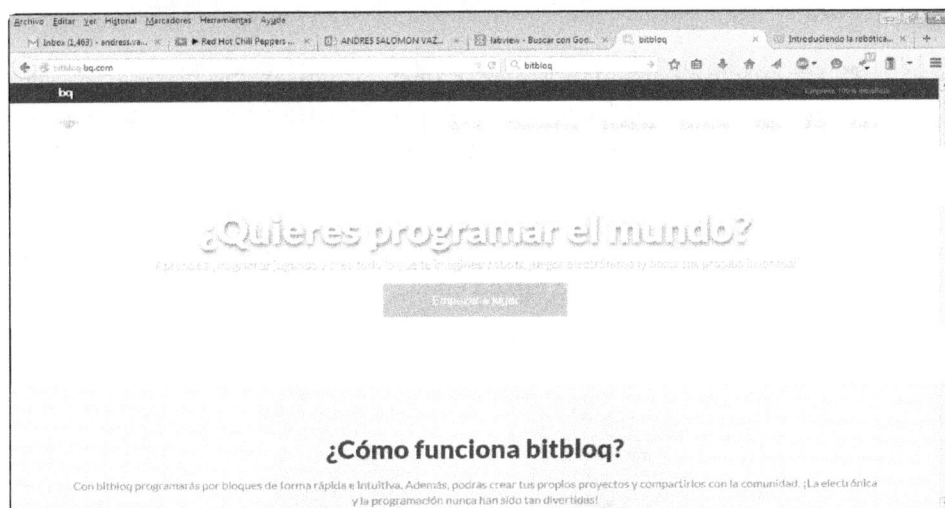

Figura 6.6. Página de incio de Bitbloq

En Bitbloq se van añadiendo bloques a la manera de un puzle: los bloques encajan unos con otros en función de su compatibilidad. Al igual que en otros lenguajes, podemos encontrar bloques que representan instrucciones, funciones, variables y estructuras de control. Gráficamente podemos distinguir entre dos tipos de bloques fundamentales:

► **Bloques que proporcionan datos**. Por ejemplo, lectura de sensores, operaciones aritmético-lógicas, variables y constantes. Tienen la forma de una pieza de puzle saliente por su lateral izquierdo y representan que están proporcionando un dato. Estos bloques a su vez pueden tener entrantes en su lateral derecho, lo que significa que demandan datos: por ejemplo, un pulsador tiene un saliente que devuelve un valor lógico indicando si está activo o no (cero o uno), y un entrante para decirle al pulsador a qué pin está conectado mediante un número entero (véase la Figura 6.7).

Figura 6.7. Bloque pulsador

▸ **Bloques que ejecutan acciones (instrucciones).** Por ejemplo, escribir en un puerto digital, enviar un dato por el puerto serie o activar un motor. Tienen una disposición de pieza de puzle vertical: permite engancharse a otras piezas siguiendo un flujo vertical. Pueden requerir datos para su ejecución (indicado de nuevo mediante un entrante a la derecha de la pieza). Por ejemplo, para encender un LED necesitamos saber a qué pin está conectado (véase la Figura 6.8).

Figura 6.8. Bloque LED

La mayoría de los bloques corresponden a sensores y actuadores compatibles con Arduino. Estos bloques son subprogramas más pequeños, llamados funciones, que sirven para leer información de los sensores o para ordenar acciones a los actuadores. Por ejemplo, en la Figura 6.9 se puede ver cómo enviar una orden de giro a un servomotor y después cómo enviar un mensaje de texto por el puerto serie.

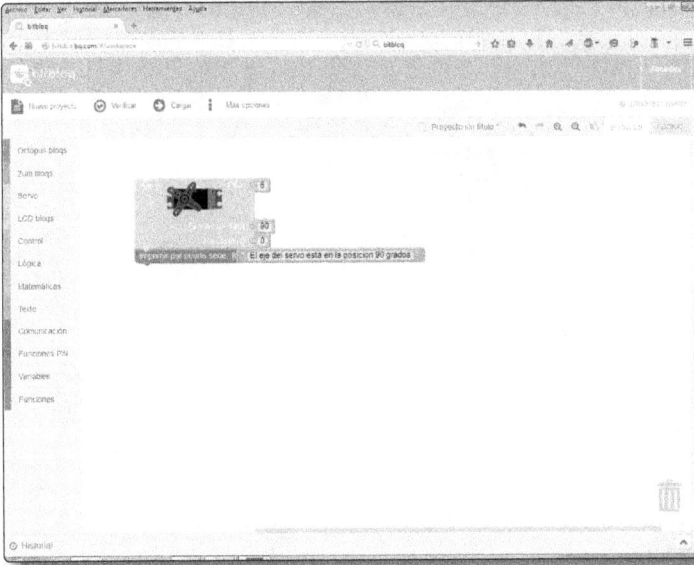

Figura 6.9. Ejemplo para rotar un motor y enviar por el puerto serie el ángulo rotado

Como otros lenguajes, permite utilizar diferentes estructuras de control (bucles *for*, condiciones *if-else*, etc.). En la Figura 6.10 se muestra un ejemplo de una estructura de control condicional, donde, si se cumple que un pulsador está activo, se enciende un LED.

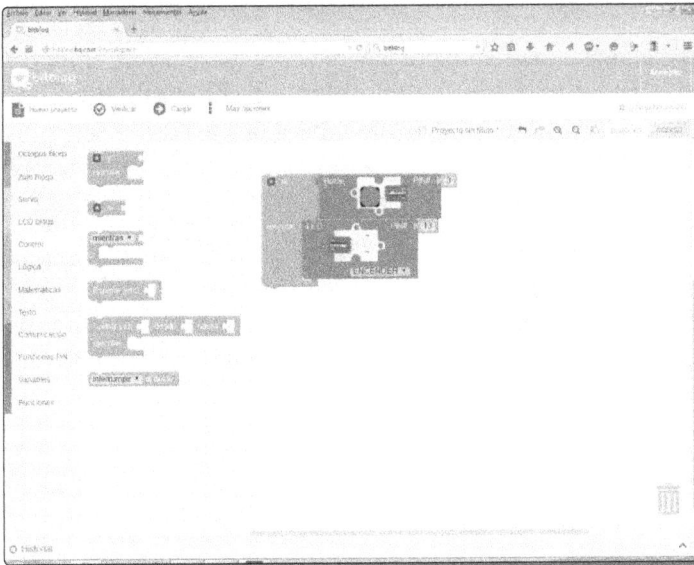

Figura 6.10. Ejemplo de estructura de control condicional con Bitbloq

---

(i) **ACTIVIDAD**

En el libro de actividades se enseña, mediante ejemplos, a programar en Bitbloq.

6.2.3 APPINVENTOR

Appinventor es un entorno de desarrollo de aplicaciones para dispositivos Android que, al igual que Bitbloq, no requiere instalación, puesto que es una aplicación que se ejecuta desde un navegador web. El propietario del sistema es el MIT (Instituto Tecnológico de Massachusetts) y la empresa Google Inc. lo aloja en sus servidores. Se trata de software gratuito y su uso en el sistema educativo a partir de 12 años se está generalizando en todo el mundo.

Utiliza el mismo concepto de bloques de Bitbloq (blocky), es decir, una programación estilo puzle, con piezas o bloques que devuelven/requieren datos, y bloques que ejecutan acciones, que pueden ser funciones o estructuras de control. La Figura 6.11 muestra un ejemplo de programación con Appinventor.

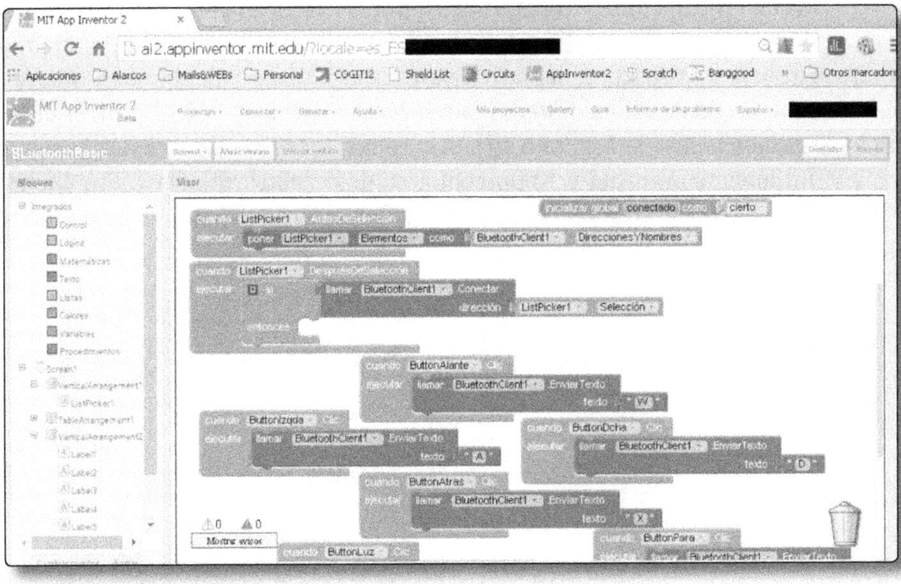

Figura 6.11. Ejemplo de programación basada en bloques con Appinventor

Además, Appinventor dispone de un entorno para diseñar la interfaz o entorno gráfico de la aplicación. Por ejemplo, nos permite crear una aplicación para móvil o tableta (véase la Figura 6.12) que tenga botones, cuadros de texto, etc.

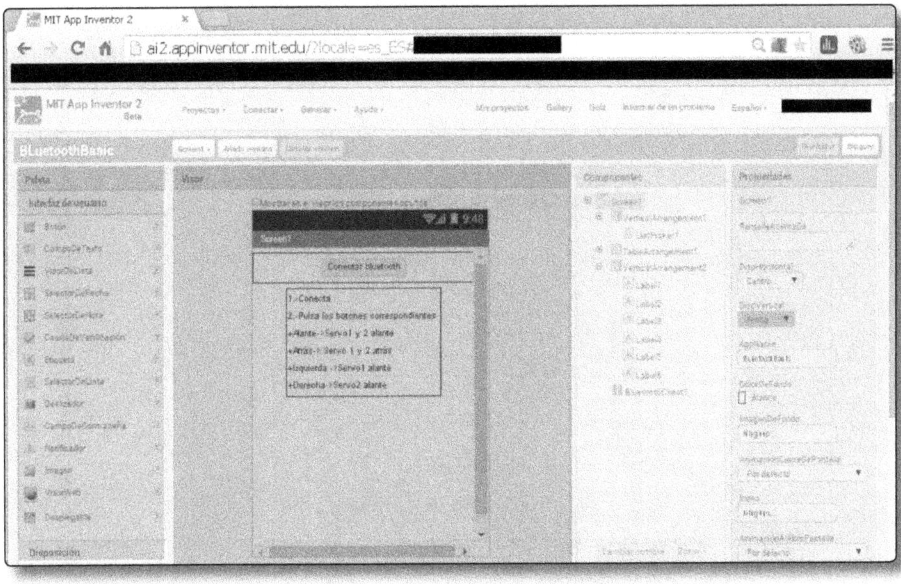

Figura 6.12. Entorno para el diseño gráfico de una aplicación móvil en Appinventor

Una de las principales ventajas de Appinventor es que permite utilizar todos los recursos de los móviles o tabletas Android de manera muy sencilla. Por ejemplo, podremos utilizar el giróscopo del móvil para hacer un juego en el que se mueva un bolita en función de la inclinación del móvil (véase la Figura 6.13), utilizar el GPS para localizarnos (véase la Figura 6.14), etc. Todas estas funcionalidades hacen que sea muy útil integrar Android y Appinventor en desarrollos robóticos. Por ejemplo, en la Figura 6.15 mostramos un robot que se teleopera con la pantalla de un móvil.

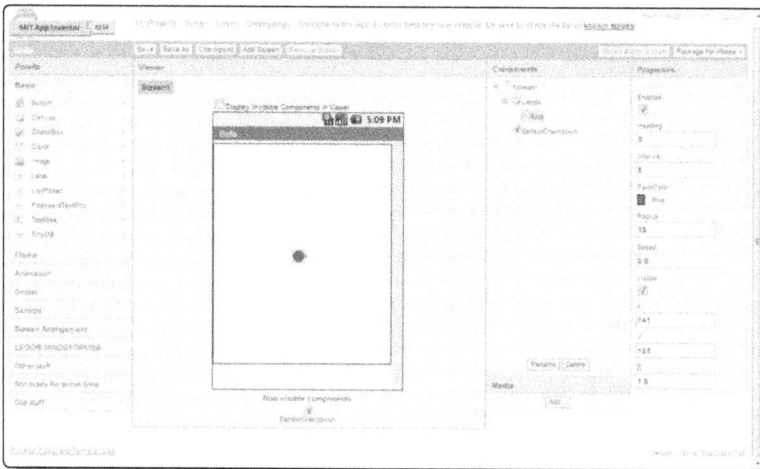

Figura 6.13. Juego realizado en Appinventor para mover una bolita en función de la orientación del móvil/tableta (giróscopo)

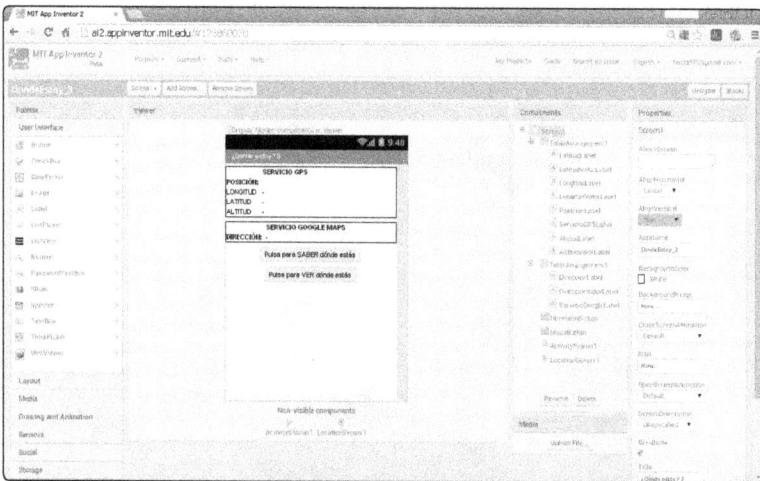

Figura 6.14. Aplicación realizada en Appinventor para conocer la localización utilizando el GPS del móvil o tableta

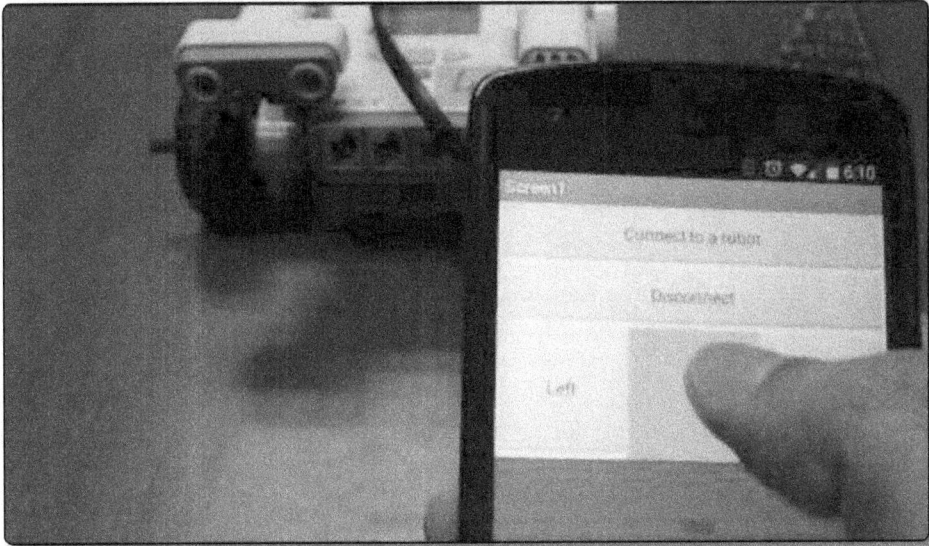

Figura 6.15. Ejemplo de teleoperación de un robot utilizando Appinventor en un móvil Android

(i) **ACTIVIDAD**

En el libro de actividades se enseña, mediante ejemplos, a programar en Appinventor.

6.3 LENGUAJES TEXTUALES

Los lenguajes textuales son más difíciles de utilizar que los lenguajes visuales. Sin embargo, son mucho más potentes, es decir, permiten realizar programas mejores y más complejos. Por eso la mayoría de los lenguajes de programación profesionales son textuales.

En robótica educativa los lenguajes textuales son idóneos para alumnos que ya tengan experiencia previa o de cursos avanzados. Los lenguajes que se utilizan son versiones simplificadas de los lenguajes profesionales. Un ejemplo de lenguaje muy utilizado hoy es el lenguaje de programación de Arduino basado en *processing/wiring*. A continuación se detalla este lenguaje.

6.3.1 Lenguaje de programación de Arduino

El lenguaje de programación de Arduino se parece mucho al lenguaje de programación C. Tiene instrucciones que deben terminarse con punto y coma. Estas instrucciones corresponden a operaciones matemático-lógicas (por ejemplo, sumar, restar, *and*, *or*, etc.), llamadas a funciones (por ejemplo, *digitalwrite*, *digitalread*, etc.), variables y estructuras de control (por ejemplo, condiciones *if-else*, bucles *for*, etc.).

En general, un programa de Arduino gira en torno a los componentes fundamentales de los microcontroladores de Arduino, que son los pines de entrada/salida. Con estos pines podremos leer de sensores analógicos (por ejemplo, un potenciómetro) y digitales (por ejemplo, un pulsador). También nos permitirá escribir en puertos digitales (por ejemplo, para encender un LED) o en puertos analógicos (por ejemplo, para mover un motor a una velocidad determinada).

Los programas están estructurados en **cuatro secciones básicas**:

▶ **La sección de inclusión de librerías e inicialización de variables**. Los programas pueden hacer llamadas a librerías, que son otros programas ya creados que facilitan el uso de componentes especiales. Por ejemplo, podemos utilizar una librería para la comunicación por infrarrojos y así no tener que implementar el protocolo propio de dicha comunicación.

▶ **La sección de configuración de las entradas/salidas (*setup*)**. Los pines en Arduino pueden ser utilizados como entradas o como salidas. Esta configuración se le debe indicar al microcontrolador antes de la ejecución del programa. Por ejemplo, si conectamos un LED al pin 2, este deberá ser configurado como salida digital. Pero si le conectamos un pulsador, que es un sensor de contacto, el pin deberá ser configurado como entrada digital. De la misma manera, un potenciómetro conectado a un pin será una entrada analógica, y un motor será una salida analógica.

▶ **La sección de ejecución continua (*loop*)**. Aquí se situará el programa principal que querremos que se ejecute en el robot. El programa que escribamos en Arduino se ejecutará en esta sección una y otra vez, ya que los microcontroladores están diseñados para ejecutar repetidamente un programa hasta que se desconecte su alimentación.

▶ **La sección de funciones**. Aquí podremos escribir funciones que realicen tareas complejas que no queramos meter en la sección *loop*.

Un programa en Arduino que tenga estas cuatro secciones presentará el siguiente aspecto:

```
// Estos símbolos permiten escribir comentarios de una línea
/* Entre estos símbolos puedes escribir comentarios de más
de una línea */
//Zona de inclusión de librerías
// Declaración de variables globales (para todo el programa)
void setup() {
    // Este bloque solo se ejecuta al cargar el programa
}
void loop() {
    // Este bloque se ejecuta repetidamente
    // Declaración de variables locales (de la función)
    // Llamadas a funciones
}
tipo mifuncion(argumentos) {
    // Este bloque solo se ejecuta cuando es llamada
    // Tipo es el tipo de dato que se devuelve como las
variables (void, int, …)
}
```

Algunas de las instrucciones que podemos utilizar quedan detalladas en esta tabla.

Función	Descripción	Ejemplo

pinMode(pin,Modo);	**Configuración de entradas y salidas**
	 En la función *setup()* se define el modo de trabajo de las patillas de la tarjeta con el comando *pinMode(pin, Modo)*:
	 • Pin -> número de pin de la tarjeta
	 • Modo:
	 – Entrada -> INPUT, 0
	 – Salida -> OUTPUT, 1
		void setup() {
		 // Pin 13 como salida
		 pinMode(13, OUTPUT);
		
		 // Pin 10 como entrada
		 pinMode(10, INPUT);
		 }

digitalWrite(pin,valor);	**Escribe en la salida** del pin el valor **digital**:
	 • pin: número de pin de la tarjeta
	 • valor:
	 – HIGH, 1-> 5V
	 – LOW, 0 -> 0V
		// Envía "1" (5V) al pin 13
		 digitalWrite(13, HIGH);
		
		 //Envía "0" (0V) al pin 11
		 digitalWrite(11, LOW);

`digitalRead(pin);`	**Lee en la entrada** del pin el valor **digital**:
	• pin: número de patilla de la tarjeta
	• valor: este puede ser:
	  − 0, LOW -> 0V en el pin
	  − 1, HIGH-> 5V en el pin
		`//Leo la entrada 10> la`
		`guardo en y`
		`y=digitalRead(10);`
		
		`// Si hay "0" en pin10`
		`-> espero 1s`
		`if (digitalRead(10)==0)`
		`{`
		`delay(1000);`
		`}`

`delay(milisegundos);`
`delayMicroseconds(microseg)`
	Espera o paraliza el programa los:
	• milisegundos
	• microsegundos
		`// Espero 2 segundos`
		`=2000ms`
		`delay(2000);`

`analogWrite(pin,valor);`	**Manda en el pin de salida un valor PWM**:
	• Definir el pin como SALIDA
	  − Solo pin 3, 5, 6, 9, 10 y 11
	  − Son las que tienen un símbolo de alterna
	• valor: ofrece una señal periódica de pulso variable PWM. 1 KHz
	  − LED (255 > brillo intenso) y (0 > no brilla)
	  − Motor -> variador de velocidad (255 vel.max.)
		`void setup() {`
		`pinMode(3,OUTPUT)`
		`}`
		`void loop(){`
		`// Luce poco el LED`
		`analogWrite(3, 125);`
		`delay(1000); //espera 1s`
		`//luce mucho el LED`
		`analogWrite(3,255);`
		`delay(1000); //espera`
		`1s`
		`}`

`analogRead(analogPin);`	**Lee el valor** de la patilla **analógica**:
	• No hay que definirla como entrada
	• Solo se pueden utilizar:
	  − A0, A1, A2, A3, A4 y A5
	• El valor en una variable entera y oscila entre (0-1024)
		`//zona de variables`
		`globales`
		`int valor=0;`
		`...`
		`//leo el valor de la`
		`entrada A0`
		`valor=analogRead(A0);`

`tone(pin,frecuencia,duracion)`
`noTone(pin);`
	Emite una onda cuadrada, generalmente **para producir un sonido**:
	• Pin: solo salidas 3, 5, 6, 9, 10 y 11
	• frecuencia (sonido) en microseg.
	• duración en milisegundos.
		`// Emito Do en la`
		`patilla 3 corchea`
		`// Zumbador +R=100Ohm`
		`serie`
		`tone(3,261,500);`
		`noTone(3); // paro el`
		`sonido`

`Serial.setTimeout(miliseg)`	**Tiempo que se espera a la escucha del USB**
	• Necesario para readBytesUntil()
		`void setup() {`
		`Serial.begin(9600);`
		`// Espera 10s`
		`Serial.`
		`setTimeout(10000);`
		`}`

`Serial.begin(vel_trans);`	**Configura la transmisión USB** de la tarjeta con el ordenador.
	• vel_trans -> velocidad de la transmisión en baudios (bits/seg).
		`void setup() {`
		`// transmisión a 9600`
		`baudios`
		`Serial.begin(9600);`
		`}`

`Serial.print(valor);`
`Serial.println(valor);`
`Serial.write(variable);`
`Serial.write(buffer,length);`
	Manda al ordenador por USB el contenido de la variable "valor".
	• Tiene que haberse configurado la comunicación (véase el anterior punto)
	• println() es como print() pero añade a "valor" un final de línea (EOL = End Of Line)
	Donde variable puede ser:
	• Número
	• string: cadena de caracteres
	• buffer: vector de valores
	• length: longitud del vector
		`// Mando el contenido`
		`de jj y EOL`
		`Serial.println(jj);`
		`// Mando el contenido`
		`de jj`
		`Serial.print(jj);`

`Serial.read();`
`Serial.parseInt();`
`Serial.readBytes(buffer,length);`
`Serial.readBytesUntil(caracter,buffer,length);`
	Escucha al ordenador por USB:
	• read(): lee un byte
	• buffer: vector de bytes
	• length: longitud del vector
	• caracter: letra que sirve para parar la escucha.
	• parseInt(): devuelve el n.º entero.
		`// Lee un byte del PC y`
		`guarda en y`
		`y=Serial.read();`

DECISIONES Y CONDICIONES	En determinadas condiciones hay que hacer o dejar de hacer el ciclo normal de repeticiones	

`if(condicion) {`
`// si se cumple`
`} else {`
`// si no se cumple`
`}`
	No es imprescindible "else"
	• **Si se cumple** la condición, entonces se hace lo que hay entre las llaves de después de if
	• **si no se cumple**, lo que se ponga después de else
	Los operadores para la if:
	• == igual, != distinto
	• > mayor, < menor
	• >= mayor o igual, <= menor o igual
	• && y, ‖ o
		`// Si i=3, enciende LED13`
		`if(i==3) {`
		`digitalWrite(13,HIGH);`
		`}`
		`// Si j>4, enciende LED13`
		`// si no, apaga LED13`
		`if (j>4) {`
		`digitalWrite(13,HIGH);`
		`} else {`
		`digitalWrite(13,LOW);`
		`}`

`for(cond_ini; cond_d; modif) {`
`// repeticiones si cumple`
`}`
	Desde la condición inicial "cond_ini", **hasta** condición "cond_d", se realiza lo que hay entre las llaves modificando la variable según "modif".
	Operadores válidos: =, >, <, >=, <=
		`// Parpadea 10seg el`
		`LED13`
		`for (i=1; i<=10;i=i+1) {`
		`digitalWrite(13,HIGH);`
		`delay(500); //espero 1s`
		`digitalWrite(13,LOW);`
		`delay(500);`
		`}`

``while(condición) {
// si se cumple
}```	**Mientras** se cumpla la condición, se repite lo que haya entre las llaves	```// Lee 10 valores cada
1ms
int i[];
while (i<11) {
delayMicroseconds(998);
lee[i]=digitalRead(1);
i=i+1;
}```
``switch(variable) {
case valor1:
// Hacer si cierto
break;
case valor2:
// Hacer si cierto
break;
…
case valorn:
// Hacer si cierto
break;
default:
// Hacer si no cierto ninguna
break;
}```	Para la "variable" se hacen las sentencias según el valor, si no coincide ninguna, se realiza lo que hay en default	```switch(barrido) {
case '1':
lee=digitalRead(1);
break;
case '2':
lee=digitalRead(2);
break;
case '3':
lee=digitalRead(3);
break;
default:
lee=digitalRead(10);
break;
}```
INTERRUPCIONES	Permiten interrumpir el normal desarrollo para ejecutar la función correspondiente.	
``attachInterrupt(i,f,m);

detachInterrupt(i);``` | **Asigna una función a una señal externa de interrupción:**
• i: interrupción 0->pin1 y 1->pin2
• f: nombre de la función a ejecutar
• m: modo de detectar la interrupción
  – LOW -> pin a 0
  – CHANGE -> pin cambia
  – RISING -> pin pasa 0->1
  – FALLING-> pin pasa 1->0
• detachInterrupt: elimina asignación | ```volatile int state=LOW;
//cambiara valor
void setup()
{
pinMode(13, OUTPUT);
//LED
attachInterrupt(0,
cambia(), CHANGE); //
Interrupcion en pin1
}
void loop()
{digitalWrite(13,
state);}
void cambia()
{
state =!state; // si es
1 -> 0 o 0 -> 1
}``` |

ⓘ **ACTIVIDAD**

En el libro de actividades se enseña, mediante ejemplos, a programar en Arduino.

7

CINEMÁTICA

7.1 INTRODUCCIÓN

7.1.1 ¿Qué es la cinemática?

La palabra "cinemática" proviene del campo de la física. La cinemática estudia el estado de movimiento de los cuerpos sin tener en cuenta las causas que producen ese movimiento. Para estudiar esta disciplina se necesita saber dónde está el objeto que se mueve, cuál es la forma del camino que sigue y con qué rapidez lo hace.

7.1.2 La cinemática de un robot

La cinemática, por lo tanto, nos permite saber dónde está un cuerpo en cada instante y cómo se mueve. El cuerpo de un robot móvil puede ser considerado como un único bloque o caja que se mueve en el plano, por lo que su cinemática es sencilla de entender. Sin embargo, en un robot articulado, la cinemática es menos intuitiva, ya que el cuerpo del robot tiene varias partes móviles, llamadas eslabones, que se mueven en el plano o el espacio. En este caso, nos referiremos a cómo se mueve cada eslabón del robot, con especial interés en el movimiento de la punta del último eslabón. Usualmente en la punta del último eslabón se coloca una herramienta (una pinza, un destornillador, una pistola de pintura, etc.) que interacciona con algo más del entorno. A esta herramienta se la denomina genéricamente efector final (*end effector*) en nomenclatura robótica.

7.1.3 Dos cinemáticas

En realidad se puede hablar de dos tipos de cinemática: directa e inversa. Lo explicaremos para un robot articulado. En la cinemática directa sabemos las posiciones y orientaciones relativas de un eslabón con el siguiente y queremos saber cuál será la posición del *end effector* con respecto a la base del robot. En la cinemática inversa es al revés. Sabemos dónde tiene que llegar el *end effector* y debemos calcular cuál debe ser la disposición entre los eslabones.

7.2 FUNDAMENTOS MATEMÁTICOS BÁSICOS

En el estudio de la cinemática se necesitan ciertas herramientas matemáticas que permitan realizar los cálculos de la posición y movimiento del robot. Algunas de estas herramientas matemáticas son la medida de los ángulos, las funciones angulares básicas y el concepto de sistema de referencia y cambios en sistemas de referencia. En este apartado veremos nociones sobre ángulos y expresiones matemáticas con ángulos.

7.2.1 Ángulos

Los ángulos sirven para medir la posición relativa entre dos rectas en el plano. También son muy conocidos porque determinan la posición relativa entre los lados adyacentes de los polígonos, por ejemplo en triángulos. En nuestro caso, los ángulos nos ayudarán a calcular la posición de un robot móvil en el suelo o el giro de un eslabón con respecto a otro contiguo.

La medida de un ángulo se realiza de dos formas. La primera y más conocida es utilizando los llamados *grados*, que pueden ser *centesimales* o *sexagesimales*, representados por el símbolo °. Habitualmente, los grados sexagesimales son los que se usan cotidianamente y son los que primero se enseñan a los niños en la escuela. Como bien sabemos desde niños, un ángulo que describe una vuelta completa tiene 360° y un ángulo recto consta de 90°. También recordamos que un triángulo rectángulo tiene un ángulo de 90° o que la suma de sus tres ángulos es 180°. Para medir ángulos menores de 1°, se toman unidades más pequeñas: los *minutos*, representados por una tilde ('), y los *segundos*, representados por dos tildes ("). Un minuto es 1/60° y un segundo es 1/60' o bien 1/3600°.

Hay una segunda forma de expresar los grados en otra unidad: el *radián*. Un radián es un ángulo de 360/2π (π = 3,1416) grados; o sea, 1 rad = 57,29°. Por lo tanto, un ángulo de 360° es un ángulo de 2π radianes. Al expresar los ángulos en radianes, las cantidades angulares son menos reconocibles y casi siempre se expresan con decimales. La conversión es muy fácil: el paso de grados a radianes se hace dividiendo entre 57,29 y el paso de radianes a grados se hace multiplicando por 57,29. El radián es muy utilizado en robótica porque en todas las funciones angulares que tengan que ver con la cinemática del robot los ángulos deben estar en radianes.

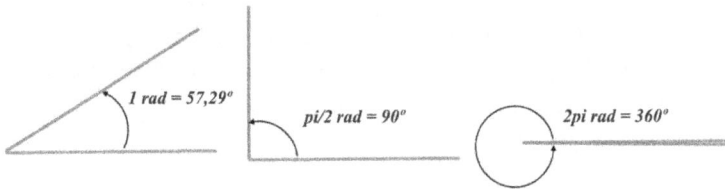

Figura 7.1. Grados y radianes

Cuando se trabaja con robots, normalmente los ángulos son convertidos de grados a radianes. Además, los ángulos son siempre expresados a través de letras del alfabeto griego como α, β, γ, δ, etc.

La función más elemental cuando se utilizan grados en radianes es la que calcula la longitud de un arco. Supongamos que queremos saber cuántos metros ha recorrido el robot móvil de la Figura 7.1 que se mueve dando vueltas a una fuente, sabiendo que la distancia a la fuente es de 5 metros y el ángulo recorrido desde que empezó a andar es de 60°. Matemáticamente esto equivale a un problema en el que se quiere medir la longitud de un arco C de una circunferencia que subtiende un ángulo θ de 60° cuando el radio de la circunferencia es $R=5m$. La longitud del arco se calcula inmediatamente a partir de la expresión:

$$C = R\theta$$

Pero, ¡cuidado!, porque θ debe estar en *radianes*. Por lo tanto, la solución será $C = 5(\dfrac{60}{57,29}) = 5,23$ metros.

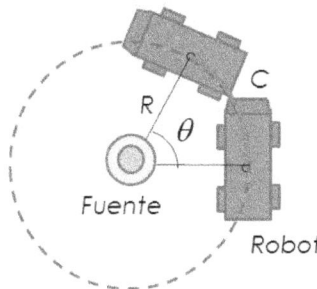

Figura 7.2. Robot girando en torno a una fuente

7.2.2 Funciones trigonométricas básicas

Las funciones trigonométricas se aplican sobre ángulos, y las más utilizadas son el *seno*, el *coseno* y la *tangente*. Así, se dice: "el seno de cierto ángulo α es…", y el resultado es un número sin unidades. En los computadores, el cálculo de estas funciones trigonométricas debe estar expresado también en radianes.

Para definir estas funciones se suele recurrir a los ángulos de un triángulo rectángulo. Por ejemplo, para el triángulo de la Figura 7.3, se definen seno, coseno y tangente del ángulo α como sigue:

$$sen\alpha = \frac{Cateto\ opuesto}{Hipotenusa} = \frac{a}{h}$$

$$\cos\alpha = \frac{Cateto\ contiguo}{Hipotenusa} = \frac{b}{h}$$

$$\tan\alpha = \frac{Cateto\ opuesto}{Cateto\ contiguo} = \frac{a}{b}$$

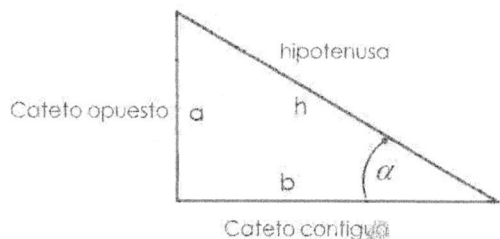

Figura 7.3. Razones trigonométricas

Por lo tanto, el uso de las funciones trigonométricas surge siempre que exista un triángulo rectángulo en el que alguno de los dos ángulos agudos esté involucrado en el problema.

7.3 SISTEMAS DE REFERENCIA Y COORDENADAS

Para medir la posición que ocupa un robot o una parte de él en el entorno necesitamos un *sistema de referencia*. Por ejemplo, si quisiéramos medir cuál es la posición del robot que da vueltas a la fuente, deberíamos decir con respecto a qué o a dónde damos esta información de posición. Este marco de información es en esencia un *sistema de referencia*. Los sistemas de referencia usuales son los llamados sistemas cartesianos y constan de un *origen* y unos *ejes* de referencia.

Supongamos que el robot se mueve en un plano. Entonces, el *origen* es un punto del plano y los *ejes* cartesianos son dos ejes perpendiculares que pasan por el origen. Habitualmente decimos: origen *O* y ejes *X* e *Y*. Si el robot lo situamos moviéndose en el espacio tridimensional, entonces necesitamos tres ejes cartesianos perpendiculares X, Y y Z. Formalmente representamos los sistemas de referencia con la letra S entre corchetes, expresándolo como $\{S\}$.

Podemos entender un sistema de referencia como un observador que mira la escena desde una determinada posición manteniendo su cabeza quieta. En la Figura 7.4, cada niño observador define un sistema de referencia.

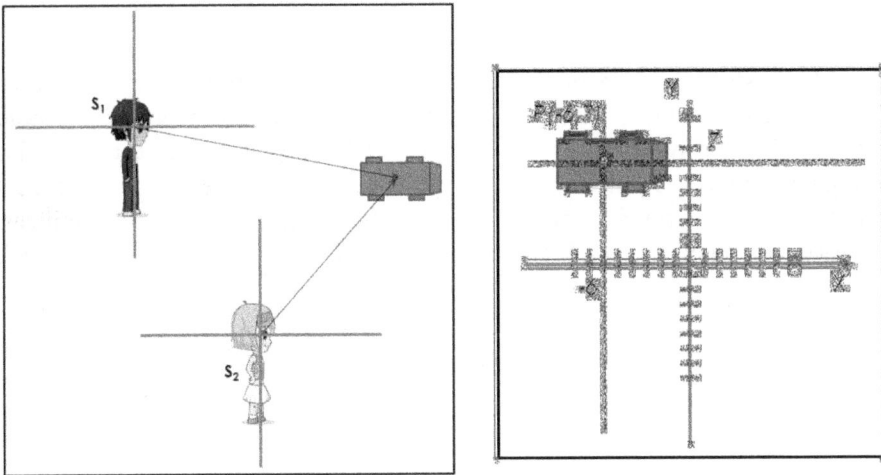

Figura 7.4. Sistemas de referencia y coordenadas cartesianas

Habiendo definido un sistema de referencia en el entorno, la posición del robot queda perfectamente determinada por sus *coordenadas*. Las *coordenadas* son dos números (en el plano) o tres (en el espacio) y tienen distintos significado dependiendo del tipo de coordenadas que se utilicen. Veremos dos tipos de coordenadas: cartesianas y polares.

7.3.1 Coordenadas cartesianas

Las coordenadas cartesianas de un robot en el plano se obtienen trazando desde el robot líneas paralelas a los ejes cartesianos y anotando los cortes con los mismos. Estos dos números identifican unívocamente la posición del robot en el sistema de coordenadas fijado. La notación utilizada es *P(x,y)*, donde *P* hace referencia al punto central del robot, *x* a la coordenada en el eje *X*, e *y* a la coordenada en el eje *Y*. Nótese que si cambiamos de sistema de referencia, las coordenadas cambian, por eso es muy importante fijar adecuadamente el sistema de referencia. Veamos algunos ejemplos.

En la Figura 7.5 (izquierda), el centro del robot tiene coordenadas (8,9) con respecto al sistema de referencia $\{S_1\}$ y (6,4) con respecto al sistema de referencia $\{S_2\}$ y los sistemas $\{S_1\}$ y $\{S_2\}$ son paralelos. Se dice que $\{S_2\}$ se obtiene mediante una *traslación* de $\{S_1\}$.

Sin embargo, podemos tomar otros sistemas de coordenadas como el de la figura derecha. Aquí, el sistema $\{S_3\}$ ya no es paralelo al $\{S_1\}$ y las coordenadas de robot son ahora (4,8). En este caso, $\{S_3\}$ se obtiene mediante una *traslación* y una *rotación* de $\{S_1\}$.

En resumen, el robot tiene una posición determinada dependiendo del sistema de referencia que se tome; en otras palabras, dependiendo del observador. Si un observador conoce su posición relativa traslación + rotación respecto del otro observador, entonces también sabrá en todo momento las coordenadas del robot desde el otro sistema de referencia. Como se ve, en robótica es muy importante identificar los sistemas de referencia y conocer las posiciones relativas entre sistemas de referencia.

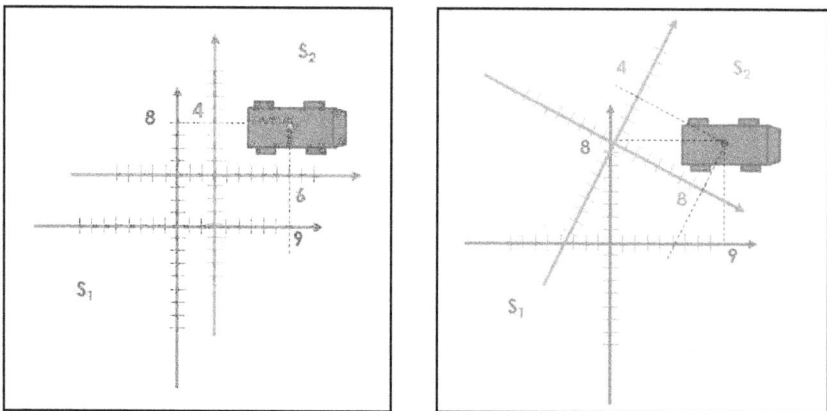

Figura 7.5. Traslación y giros de un sistema de referencia

7.3.2 Coordenadas polares

En el plano existe otro sistema de coordenadas que se llaman *coordenadas polares*; también son dos números, pero con significado diferente. En concreto, se toma como primer valor la distancia del origen al punto, que denotamos con d. El segundo valor es el ángulo que subtiende la recta que pasa por el origen y el punto con el eje X. La denotamos con la letra griega θ. Así, tenemos la pareja (d, θ), donde d es expresada en cualquier unidad de distancia —por ejemplo, metros—, y θ se expresa en radianes. Como vemos, las coordenadas polares utilizan ángulos que se refieren al sistema de referencia tomado.

La relación entre las coordenadas cartesianas y polares se hace a través de las razones trigonométricas. Nótese que en la Figura 7.6 (superior) se ha marcado un triángulo rectángulo en el que los catetos son las coordenadas cartesianas x e y. Por lo tanto, el paso de coordenadas cartesianas a polares se realiza utilizando el famoso teorema de Pitágoras junto con la relación de la tangente. Tenemos:

$$d = \sqrt{x^2 + y^2}$$

$$\tan \theta = \frac{y}{x}, \; \theta = arctg \frac{y}{x}$$

La transformación inversa de coordenadas polares a cartesianas se realiza utilizando las razones de seno y coseno de la siguiente forma:

$$y = d.sen\theta$$

$$x = d.\cos \theta$$

Estas relaciones son válidas cualquiera que sea la posición que ocupe el robot en el plano. Por ejemplo, en la Figura 7.6 (inferior) se aplican las mismas fórmulas, teniendo en cuenta que el ángulo en el triángulo es ahora $\pi-\theta$ y la componente x será negativa.

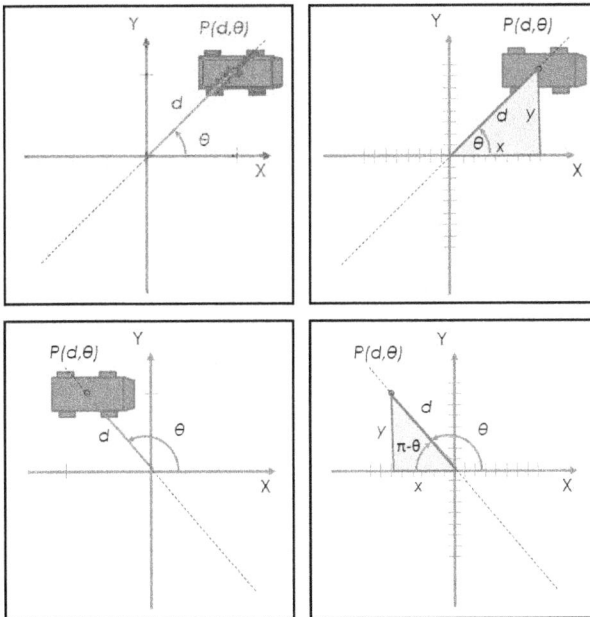

Figura 7.6. Coordenadas polares

7.4 CAMBIOS DE SISTEMA DE REFERENCIA

En cualquier aplicación con robots suele haber varios sistemas de referencia involucrados. Algunos de ellos cambian de origen o rotan sus ejes como consecuencia del movimiento de todo o de alguna de las partes del robot. Para calcular la cinemática del robot es, por tanto, necesario saber relacionar los sistemas de referencia. Estas relaciones se expresan mediante ecuaciones matemáticas. Básicamente, distinguimos entre relaciones de traslación y rotación.

Consideraremos que el robot se mueve en un espacio bidimensional. Supongamos un punto P del plano y dos sistemas de referencia $\{S_1\}$ y $\{S_2\}$. Las ecuaciones de cambio de sistema de referencia expresan las coordenadas de P del primer sistema respecto del segundo.

Por ejemplo, supongamos que $\{S_2\}$ se obtiene después de trasladar $\{S_1\}$ una cantidad t_x en su eje X y t_y en su eje Y. Como puede deducirse de la figura, la relación de coordenadas en $\{S_1\}$ y $\{S_2\}$ es:

$$x_1 = x_2 + t_x$$
$$y_1 = y_2 + t_y$$

Estas ecuaciones son las que representan el cambio de sistema de referencia por traslación.

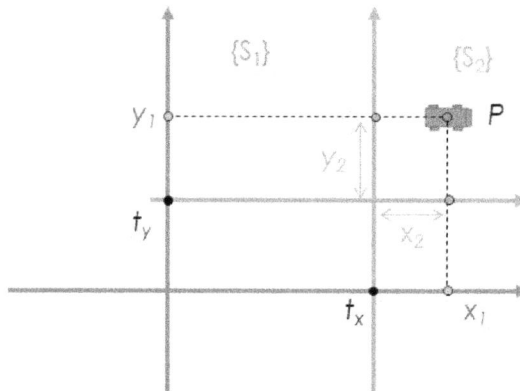

Figura 7.7. Cambio de sistema de referencia. Traslación

En el caso de rotación, las expresiones son más complejas. Supongamos ahora que $\{S_2\}$ se obtiene después de rotar $\{S_1\}$ un ángulo θ. Las coordenadas de P en $\{S_0\}$ en función de las coordenadas de $\{S_1\}$ serían:

$$x_1 = x_2 \cos\theta - y_2 sen\theta$$

$$y_1 = x_2 sen\theta + y_2 \cos\theta$$

La primera de esas expresiones se puede deducir de los detalles proporcionados en la figura siguiente.

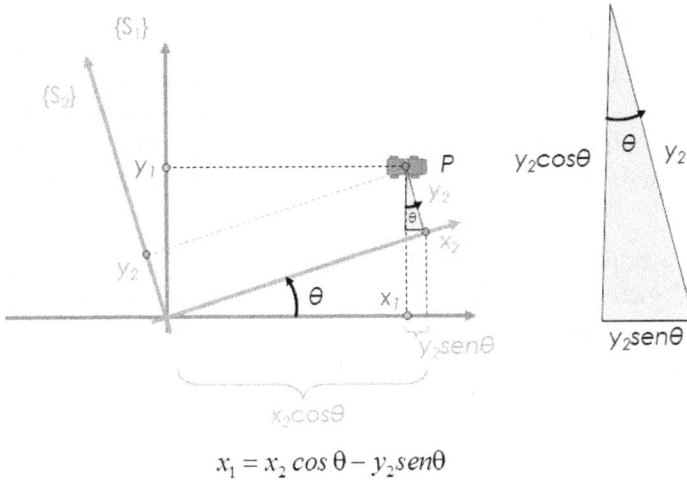

$$x_1 = x_2 \cos\theta - y_2 sen\theta$$

Figura 7.8. Cambio de sistema de referencia. Rotación

A partir de las transformaciones anteriores se pueden obtener transformaciones concatenadas traslación + rotación y traslación + rotación. Por ejemplo, las ecuaciones de cambio de coordenadas después de una traslación seguida de una rotación son:

$$x_1 = x_2 \cos\theta - y_2 sen\theta + t_x$$

$$y_1 = x_2 sen\theta + y_2 \cos\theta + t_y$$

7.5 MOVIMIENTO DEL ROBOT

Consideremos un robot móvil que se mueve por una ciudad de un punto a otro. En principio, el robot podría tomar varios caminos para llegar a su destino final. En primer lugar veremos la diferencia entre desplazamiento, recorrido, camino y trayectoria.

- **Desplazamiento** se refiere a la distancia que hay desde la posición original a la posición final.
- **Recorrido** es el número de metros que ha andado el robot desde su posición origen al destino. Como se ve, el desplazamiento es fijo pero el recorrido puede ser distinto.
- **Camino** tiene que ver con los cambios de dirección que se han tomado hasta llegar a la meta.
- **Trayectoria** en robótica no es exactamente igual al concepto de camino que se ha visto anteriormente. La trayectoria nos proporciona no solo la posición, sino también el instante de tiempo en que se alcanza dicha posición. Por lo tanto, el componente de tiempo es el factor diferenciador.

En el ejemplo de la Figura 7.9 podemos ver que el desplazamiento del robot ha sido de 32 metros. Sin embargo, el recorrido es de aproximadamente 30 + 20 + 30 = 80 m. Respecto al camino, podemos expresarlo con ayuda del sistema de referencia que hemos tomado desde el principio. Así, podemos decir que el camino fue de 40 m en dirección ($+X$), 30 metros en dirección ($-Y$) y 40 m en dirección ($-X$). La trayectoria incluye, además de la posición, el instante de tiempo en que se alcanza dicha posición.

7.5.1 Movimientos lineales

Cuando un robot se mueve en línea recta, el camino que sigue se puede expresar mediante la ecuación de una recta. Podemos utilizar indistintamente las ecuaciones general o punto-pendiente de la recta.

Ecuación general de una recta: $Ax + By + C = 0$

Ecuación punto-pendiente de una recta: $y = y_0 + m(x - x_0)$

Tomando un valor para la coordenada x podemos recoger en ambas ecuaciones un valor para su coordenada y. De esta manera se conocen todos los puntos por los que pasaría el robot y también sabríamos si el robot pasaría por una posición concreta que nos interesa. En el ejemplo de la Figura 7.9 se desea saber si el robot limpiador, que sigue un camino según la ecuación $2x - y - 2 = 0$, pasaría o no por el lugar donde hay una mancha en la posición (7,3). Para saberlo no tenemos más que comprobar que estas coordenadas satisfacen la ecuación de la recta. Veamos si la verifica.

$$2 * 7 - 3 - 2 = 14 - 5 = 9 \neq 0$$

Luego el robot no pasaría por el sitio que deseábamos.

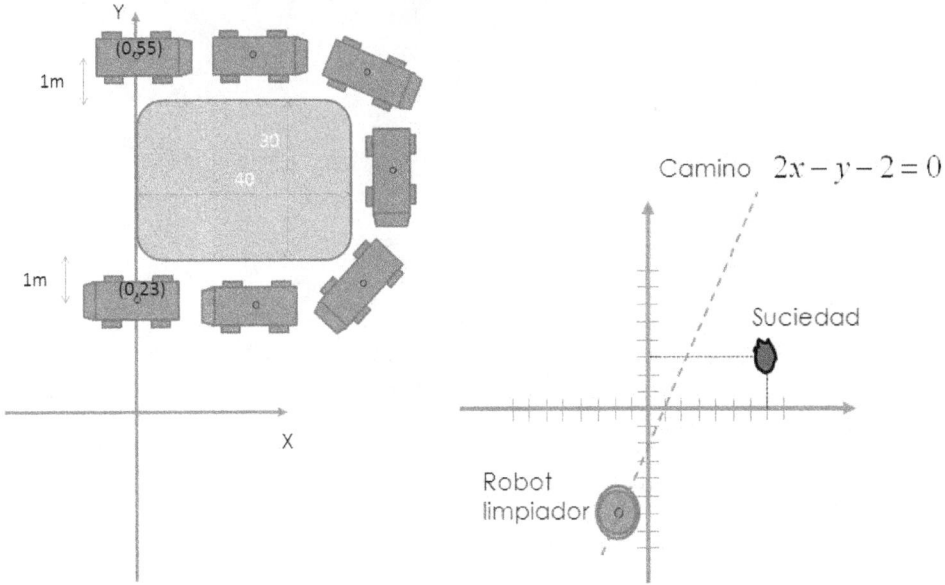

Figura 7.9. Recorrido y camino

7.5.2 Movimientos circulares

Si el camino fuera circular, lo podemos expresar a través de la ecuación de la circunferencia:

$$(x - x_c)^2 + (y - y_c)^2 = r^2$$

Donde x_c, y_c son las coordenadas del centro de la circunferencia de radio r. Si queremos saber el camino recorrido por el robot de la Figura 7.10 izquierda, que pinta líneas circulares blancas de radio 4 metros alrededor de una farola situada en las coordenadas (5,7), tendremos que considerar la ecuación $(x - 5) + (y - 7)^2 = 16$.

Supongamos que ahora tenemos el robot manipulador de la Figura 7.10 derecha, que consiste en un solo eslabón que gira y que tiene en su punta un sistema para pintar idéntico al anterior. El problema para determinar el camino que sigue el efector final de este simple robot manipulador es idéntico al del robot móvil pintor.

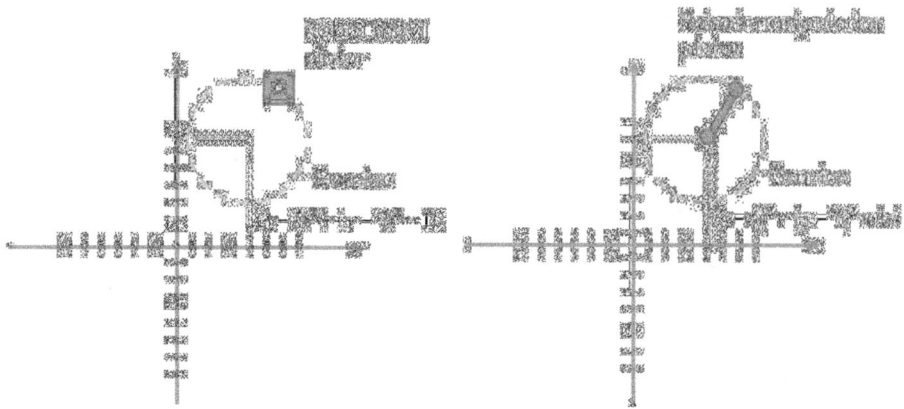

Figura 7.10. Caminos circulares

7.6 VELOCIDADES EN EL ROBOT

Para calcular la cinemática de un robot se deben conocer las relaciones entre desplazamiento, velocidad y orientación.

Supongamos que el robot se mueve sobre un plano. La *velocidad media* (se llama lineal) de un robot entre dos instantes de tiempo es la razón entre el desplazamiento sufrido y el tiempo invertido. La velocidad lineal se mide en metros por segundo (m/s). Estas cantidades se expresan como incrementos usando el símbolo Δ. Así, la velocidad, *v*, se expresa como:

$$v = \frac{\Delta s}{\Delta t}$$

En el ejemplo de la Figura 7.11 izquierda podemos ver cómo calcular la velocidad media de un robot: si, por ejemplo, el desplazamiento del robot fue 10 metros en un tiempo de 5 segundos, su velocidad media sería de 2m/s.

Supongamos ahora que el robot se mueve en círculos. Existe una llamada *velocidad angular* ω que tiene en cuenta la rapidez con la que el robot cambia de orientación. La velocidad angular se calcula si se conoce cuánto ángulo ha girado el robot en su camino en el tiempo transcurrido. La velocidad angular se mide en radianes por segundo (rad/s). Igual que en el caso anterior, se calcula con incrementos de ángulo y de tiempo. La expresión es:

$$\omega = \frac{\Delta \phi}{\Delta t}$$

En el ejemplo de la Figura 7.11 derecha, el robot que se mueve en un círculo de radio R ha girado $60° = 1{,}04$ radianes en 2 segundos. La velocidad angular será $1{,}04/2 = 0{,}52$ rad/s.

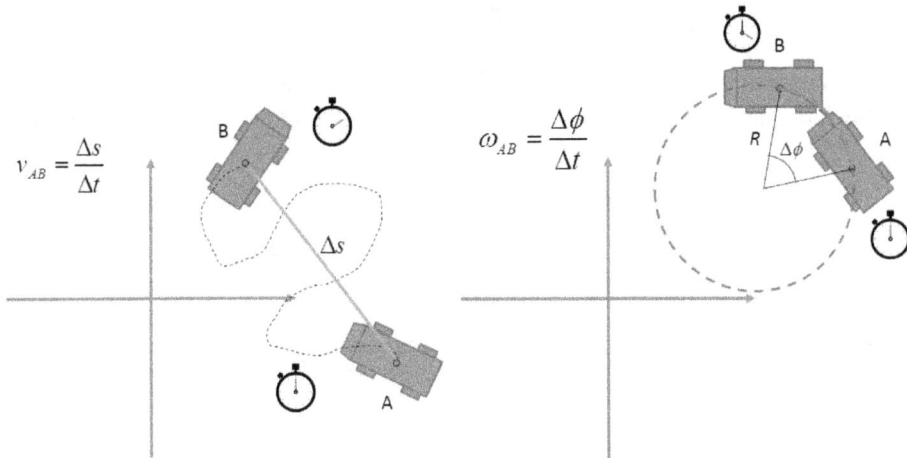

$$v_{AB} = \frac{\Delta s}{\Delta t}$$

$$\omega_{AB} = \frac{\Delta \phi}{\Delta t}$$

Figura 7.11. Velocidad media y velocidad angular media

Falta discutir cómo conoce un robot cuántos metros se mueve o cuántos ángulos gira cuando pasa de una posición a otra. El robot tiene un sistema de *odometría* que le proporciona los metros que recorren sus ruedas, es decir, lo que hemos llamado *recorrido*.

Explicaremos esto utilizando sistemas de referencia a través del dibujo ilustrado en la Figura 7.12. Para facilitar la comprensión vamos a suponer que el robot entre dos posiciones 1 y 2 próximas recorre un camino que puede ser siempre aproximado a un arco C de una circunferencia de cierto radio R. En la figura se ven inicialmente dos posiciones del robot y, a la derecha, cómo se puede aproximar el camino que describe por un arco de circunferencia.

Como se ve en la figura, en cada posición el robot posee su propio sistema de coordenadas $\{S_1\}$ y $\{S_2\}$ respectivamente. Fijaremos el origen de coordenadas en el centro del robot, el eje Y sobre el eje longitudinal del robot, y el eje X paralelo al eje de las ruedas. Cuando el sistema de *odometría* nos dice que ha habido un giro de $4°$, lo que quiere decir es que el sistema de referencia inicial $\{S_1\}$ ha girado $4°$ respecto del segundo sistema $\{S_2\}$ en la segunda posición.

Como la longitud del arco recorrido C se conoce por *odometría* y también el giro $\Delta\phi$ es conocido, podemos conocer el radio de la circunferencia sabiendo que arco = radio * ángulo. ¡Cuidado, porque el ángulo estará expresado en radianes! Así pues:

$$R = \frac{C}{\Delta\phi}$$

A través de este cálculo, el robot nos podría decir qué velocidad angular y velocidad lineal medias tiene. La velocidad angular la puede calcular también a través del radio R como:

$$\omega = R\Delta\phi$$

Por su parte, la velocidad lineal la puede calcular a través de la anterior, mediante:

$$v = \omega R$$

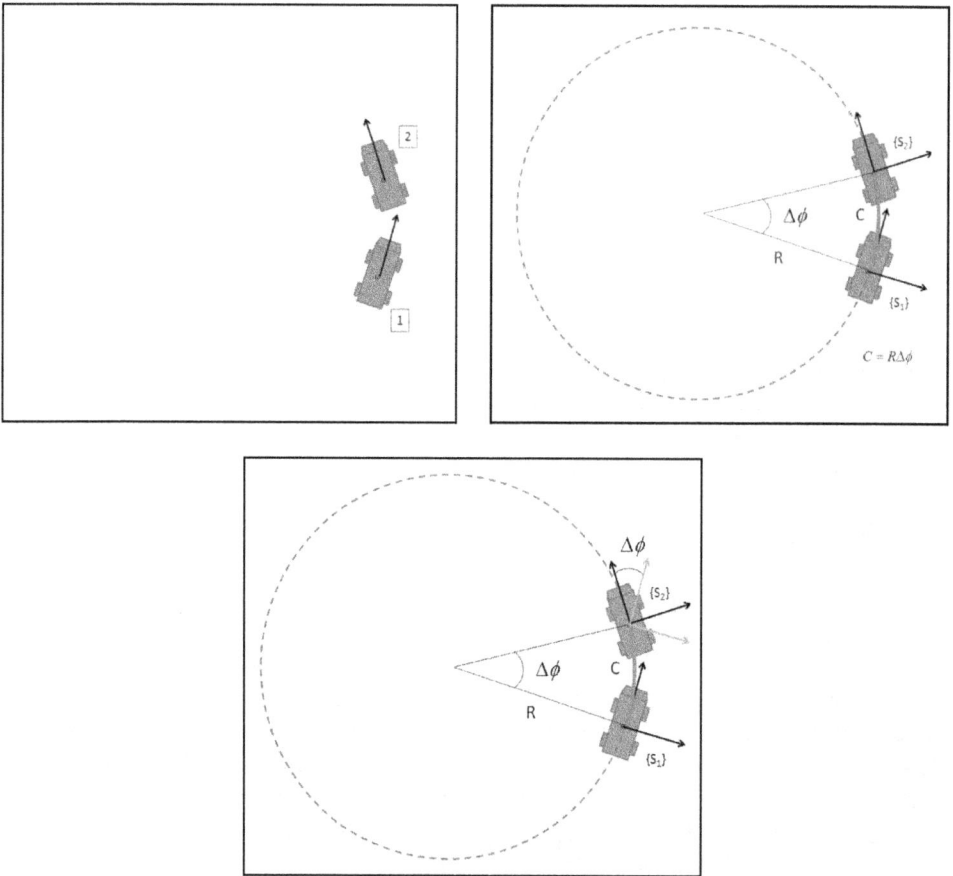

Figura 7.12. Odometria de un robot

> **ⓘ ACTIVIDAD**
>
> En el libro de actividades se muestra un proyecto para calcular la odometría de un robot de dos ruedas utilizando sus encoders (apartado 1.2.20).

7.7 CÁLCULOS DE CINEMÁTICA

Como hemos dicho antes, la cinemática de un robot móvil describe la evolución de la posición y orientación del mismo en función de las variables de actuación. Para explicar cómo se conoce la cinemática del robot, explicaremos dos ejemplos. Uno para robots móviles y otro para robots manipuladores.

7.7.1 Ejemplo con un robot móvil: El monociclo

Para simplificar el cálculo de la cinemática en robots móviles, vamos a dar por ciertas varias propiedades. En concreto, supondremos que:

▸ El robot se mueve sobre una superficie plana.
▸ Los ejes de guiado del robot son perpendiculares al suelo.
▸ El robot no se desliza sino que rueda.
▸ El robot es un cuerpo rígido que no se flexiona.

El monociclo es el robot móvil más elemental y consta de una sola rueda que puede avanzar y girar, por lo tanto tiene 2GDL. En la siguiente figura vemos un robot real tipo monociclo.

Figura 7.13. Robot monociclo Murata de Murata Manufacturing

Para explicar la cinemática de este robot vamos a suponer que analizamos movimientos muy pequeños en instantes muy cortos de tiempo. En la Figura 7.14 se ha dibujado una lupa para representar un desplazamiento muy pequeño del robot. También asumimos que el monociclo, en esos intervalos infinitesimales de tiempo, se mueve siempre en un camino recto. Estas suposiciones son normales porque, aunque el camino no fuera recto sino curvo, el arco recorrido sería prácticamente igual al camino recto.

El problema consiste en lo siguiente: conocida la posición 1 del robot, definida por sus coordenadas (x1,y1), encontrar las nuevas coordenadas en la posición 2 si sabemos la velocidad a la que se mueve el monociclo y el tiempo invertido durante ese recorrido. Se asume que no hay cambio de dirección en el movimiento. El sistema de coordenadas global {SG} se fija en función de la orientación inicial del monociclo en la posición 1.

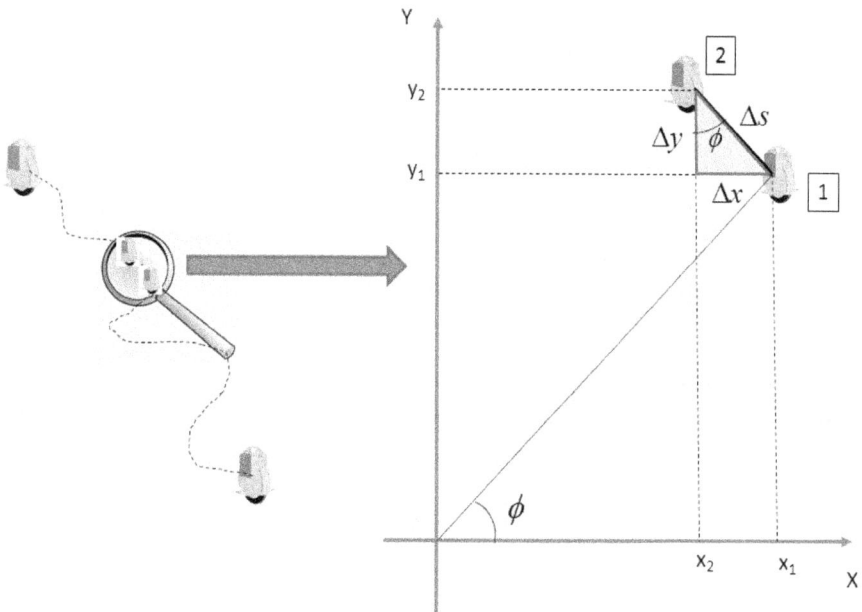

Figura 7.14. Desplazamiento lineal del monociclo

Como se ve, al pasar de la posición 1 a la 2 existen unos desplazamientos en x e y cuyas ecuaciones son fácilmente deducibles en la figura. Se tiene:

$$\Delta x = -\Delta s * sen\phi$$
$$\Delta y = \Delta s * \cos \phi$$

Donde Δs es el desplazamiento sufrido. Estas ecuaciones pueden expresarse en función de la velocidad lineal como:

$$\Delta x = -v\Delta t * sen\phi$$

$$\Delta y = v\Delta t * \cos\phi$$

Por lo tanto, las nuevas coordenadas del monociclo serían:

$$x_2 = x_1 - v\Delta t * sen\phi$$

$$y_2 = y_1 + v\Delta t * \cos\phi$$

Esta cinemática asume que el cambio de orientación del robot entre 1 y 2 es inexistente, por lo que se movería en línea recta. Realizando un planteamiento más general, asumamos que existe cambio de orientación entre las posiciones 1 y 2. Como ya explicamos en la Sección 7.6, este movimiento puede representarse por un movimiento circular de cierto radio R y con velocidad angular ω. Recordamos que R y ω, se pueden calcular a través de la *odometría* del robot.

En este caso, para poder llegar a la solución, tendríamos que considerar, además del sistema de coordenadas global anterior $\{S_G\}$, el sistema de coordenadas local del robot $\{S_L\}$. Así, en el sistema de coordenadas locales, los incrementos en x e y son:

$$\Delta x_L = -(R - R\cos\Delta\phi) = -R(1 - \cos\Delta\phi)$$

$$\Delta y_L = Rsen\Delta\phi$$

Ya que $\omega = \dfrac{\Delta\phi}{\Delta t}$, podemos expresar los incrementos angulares en función de la velocidad angular conocida, $\Delta\phi = \omega\Delta t$

Si queremos calcular el cambio de posición respecto del sistema global, debemos aplicar una rotación en el ángulo ϕ. Las ecuaciones de cambio serían:

$$\Delta x_G = \Delta x_L \cos\phi - \Delta y_L sen\phi$$

$$\Delta y_G = \Delta x_L sen\phi + \Delta y_L \cos\phi$$

Sustituyendo las expresiones de Δx_L, Δy_L, queda:

$$\Delta x_G = R(1 - \cos\Delta\phi)\cos\phi - Rsen\Delta\phi sen\phi$$

$$\Delta y_G = R(1 - \cos\Delta\phi)sen\phi + Rsen\Delta\phi\cos\phi$$

Finalmente conseguimos las coordenadas de la nueva posición en el sistema global.

$$x_2 = x_1 + \Delta x_G$$
$$y_2 = y_1 + \Delta y_G$$

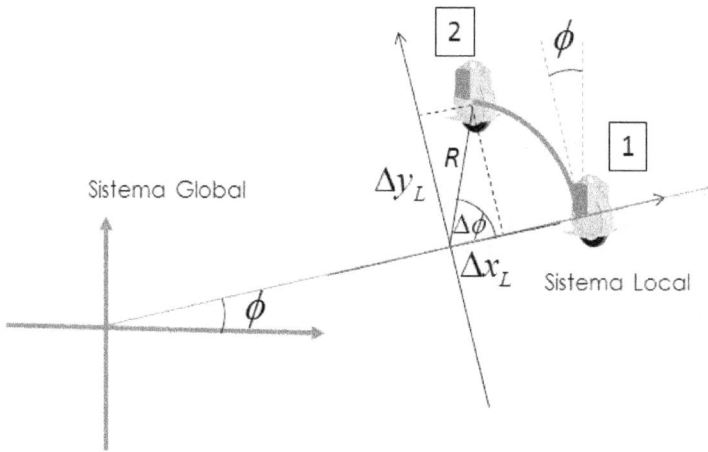

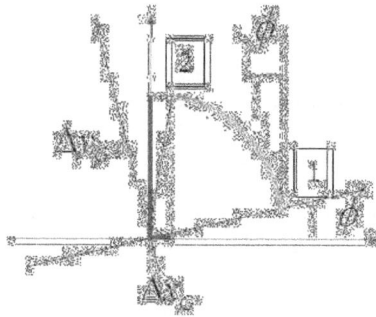

Figura 7.15. Desplazamiento con giro del monociclo

7.7.2 Ejemplo con un robot móvil de dos ruedas: Robot diferencial

El modelo cinemático que se ha visto en el apartado anterior sirve también para un robot móvil diferencial de dos ruedas. La Figura 7.16 muestra un dibujo del mismo. Cada rueda, izquierda y derecha, está separada en L, tiene velocidad lineal v_I y v_D, y velocidad angular ω_I y ω_D. El único cambio que hay que realizar en la cinemática es modificar las expresiones de las velocidades lineal y angular que aparecen en las ecuaciones anteriores. Ahora hay que considerar las velocidades en ambas ruedas, izquierda y derecha. Las expresiones son ahora:

$$v = \frac{v_I + v_D}{2}$$

$$\omega = \frac{v_D - v_I}{L}$$

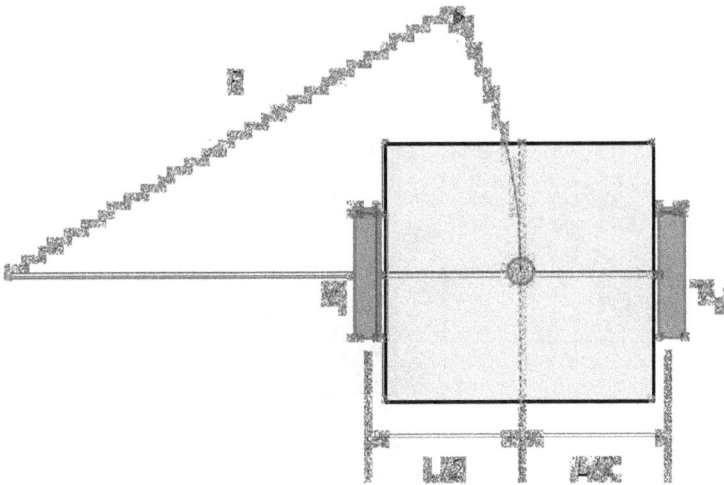

Figura 7.16. Robot móvil diferencial

7.7.3 Ejemplo con un robot manipulador

Supongamos que tenemos un robot manipulador de 2 GDL, formado por dos eslabones unidos que pueden girar de la siguiente forma: el primer eslabón gira sobre un soporte fijo y el segundo sobre la punta del primero. El eje de rotación será el eje Z del sistema de coordenadas cartesiano, por lo que los eslabones se mueven sobre el plano XY. La herramienta en el efector final será un simple pincel o rotulador, acoplado a una distancia a de la punta del segundo eslabón, con él podrá realizar dibujos sobre una cartulina acoplada al plano. La Figura 7.17 representa este robot manipulador en el espacio y visto desde arriba. Cada pareja articulación-eslabón constituye un GDL, por lo tanto, tenemos 2 GDL. Las dos articulaciones son de revolución.

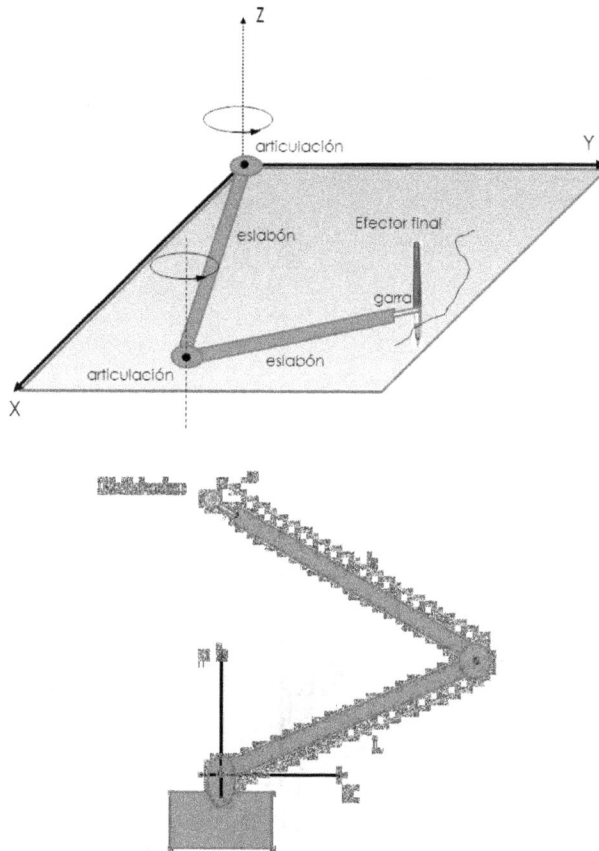

Figura 7.17. Robot manipulador con 2 GDL

En primer lugar, vamos a fijar los sistemas de referencia (véase la Figura 7.18). Consideraremos un sistema de referencia base o general $\{S_0\}$ fijado con origen en la base del primer eslabón, con eje X_0 horizontal e Y_0 vertical. Los sistemas de referencia $\{S_1\}$ y $\{S_2\}$ tendrán por centros las rótulas de los eslabones primero y segundo respectivamente. Sus ejes (X_1 y X_2) están alineados con los eslabones primero y segundo, mientras que Y_1 e Y_2 son los ejes perpendiculares a ellos. Se puede poner un último sistema de referencia $\{S_3\}$ paralelo a $\{S_2\}$ pero en la punta del segundo eslabón.

La cinemática directa consistirá en lo siguiente: conocidos los ángulos de giro de cada articulación (θ_1 y θ_2), así como la longitud de los eslabones (L) y la distancia a de acople del rotulador, calcular la posición del mismo (punto P) en el sistema de referencia de la base $\{S_0\}$. Es decir, hay que calcular las coordenadas (x_0, y_0) del punto P en el dibujo de la figura. Nótese que en un robot como este nosotros imponemos cuánto queremos girar las articulaciones, por lo que los ángulos son dados.

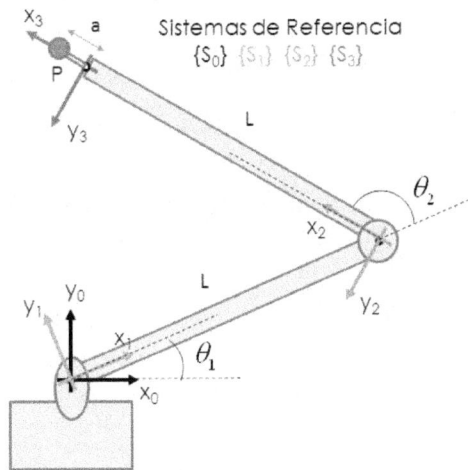

Figura 7.18. Sistemas de referencia en un robot manipulador de 2 GDL

El cálculo se realiza hallando las relaciones de cada sistema de coordenadas con el siguiente, empezando desde $\{S_0\}$. Inicialmente lo único que sabemos es la posición de P respecto al sistema último $\{S_3\}$. Efectivamente, las coordenadas de P respecto de $\{S_3\}$ son, obviamente:

$$x_3 = a$$
$$y_3 = 0$$

Ya que el rotulador está colocado sobre el eje X_3, la componente Y_3 es nula.

Empecemos hallando la relación entre $\{S_0\}$ y $\{S_1\}$. Esta corresponde a una rotación según el ángulo θ_1. Luego las coordenadas de P en $\{S_0\}$ respecto de $\{S_1\}$ son, según vimos en el Apartado 7.4:

$$x_0 = x_1 \cos\theta_1 - y_1 sen\theta_1$$
$$y_0 = x_1 sen\theta_1 + y_1 \cos\theta_1$$

Seguidamente está el cambio de sistema $\{S_1\}$ a $\{S_2\}$, el cual se obtendría mediante una traslación L en el eje X_1 seguida de una rotación. Las coordenadas de P en $\{S_1\}$ respecto a $\{S_2\}$ son:

$$x_1 = x_2 \cos\theta_2 - y_2 sen\theta_2 + L$$
$$y_1 = x_2 sen\theta_2 + y_2 \cos\theta_2$$

Ahora podríamos relacionar $\{S_0\}$ con $\{S_2\}$ si sustituimos estas expresiones en x_0 e y_0. Sería:

$$x_0 = (x_2 \cos\theta_2 - y_2 sen\theta_2 + L)\cos\theta_1 - (x_2 sen\theta_2 + y_2 \cos\theta_2)sen\theta_1$$
$$y_0 = (x_2 \cos\theta_2 - y_2 sen\theta_2 + L)sen\theta_1 + (x_2 sen\theta_2 + y_2 \cos\theta_2)\cos\theta_1$$

Reordenando estas ecuaciones se llega a una expresión más simplificada:

$$x_0 = x_2 \cos(\theta_1 + \theta_2) - y_2 sen(\theta_1 + \theta_2) + L\cos\theta_1$$
$$y_0 = x_2 sen(\theta_1 + \theta_2) + y_2 \cos(\theta_1 + \theta_2) + Lsen\theta_1$$

Finalmente, las coordenadas de P en $\{S_2\}$ respecto a $\{S_3\}$ son relacionadas mediante una traslación en el eje X_2. Por tanto:

$$x_2 = x_3 + L$$
$$y_2 = y_3$$

Sustituyendo de nuevo en x_0 e y_0, obtenemos:

$$x_0 = (x_3 + L)\cos(\theta_1 + \theta_2) - y_3 sen(\theta_1 + \theta_2) + L\cos\theta_1$$
$$y_0 = (x_3 + L)sen(\theta_1 + \theta_2) + y_3 \cos(\theta_1 + \theta_2) + Lsen\theta_1$$

Por fin estas dos ecuaciones nos proporcionan la cinemática directa del robot. Sabiendo L, θ_1, θ_2 y las coordenadas del efector final respecto del último sistema de coordenadas $\{S_3\}$, es decir (x_3, y_3), sabremos las coordenadas respecto del sistema base del robot.

En este caso ya sabíamos que $x_3 = a, y_3 = 0$, por lo que la posición del rotulador es calculada por las ecuaciones:

$$x_0 = (a + L)\cos(\theta_1 + \theta_2) + L\cos\theta_1$$
$$y_0 = (a + L)sen(\theta_1 + \theta_2) + Lsen\theta_1$$

Hay que notar que, dando valores a las articulaciones del robot, recogemos la posición del efector final respecto del sistema de referencia del robot.

7.8 TRAYECTORIAS

Como vimos en la Sección 7.5, el concepto de *trayectoria* en robótica no es equivalente al concepto de *camino*. Saber la trayectoria significa saber las coordenadas en las que se encuentra el robot (el *end effector*, si hablamos de un manipulador) en un conjunto de tiempos discretos. Cotidianamente decimos: "el robot ha seguido una trayectoria rectilínea". Pero en robótica esa frase es errónea. La descripción de la trayectoria debe indicar posición y tiempo.

La razón de incluir explícitamente el tiempo en la descripción del movimiento es que los robots no mantienen siempre la velocidad constante en su movimiento. Es decir, aceleran o deceleran en distintos tramos de su recorrido. Veremos un caso sencillo para entender el significado de trayectoria.

Supongamos un robot que inicialmente está parado y se mueve desde una posición *A* hasta otra *B* en la que se vuelve a detener. Lo normal es que el robot salga despacio, progresivamente tome más velocidad y, al final de su trayecto, también progresivamente, vaya disminuyendo su velocidad hasta quedar parado. En la Figura 7.19 se ve la posición del robot cada 2 segundos cuando sigue un camino recto en la dirección del eje *X*. Nótese que para los primeros tiempos el robot apenas avanza 3 metros; luego acelera, alcanzando los 11 metros en 2 segundos. Finalmente decelera, gastando 2 segundos en los últimos 2 metros.

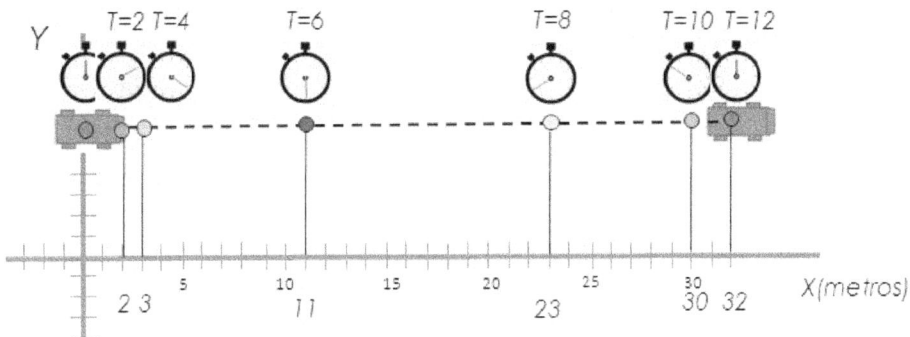

Figura 7.19. El camino con tiempos

Si se quisiera que el robot hiciera siempre este tipo de movimiento: acelerar suave al principio y decelerar suave al final, entonces se debería generar de antemano esa "trayectoria" mediante una ecuación: la ecuación de la trayectoria.

Para entender cómo poder hacer esto, empezaremos por representar la posición x del robot en función del tiempo t, tal como aparece en la Figura 7.20 a la izquierda. Nótese que los puntos de colores —que representan al robot— parecen seguir la curva punteada. Pues bien, con ayuda de un ordenador podemos calcular que esta curva puede ser aproximada, por ejemplo, por un polinomio de tercer grado (en este caso encontramos que el polinomio es $-0{,}05t^3 + t^2 - 2{,}2t + 0{,}7$). Teniendo esta expresión, podremos saber cuál será la posición aproximada del robot para cualquier tiempo entre 0 y 12 segundos, sin más que sustituir el valor de t en este polinomio. Cada uno de los puntos de la curva de figura de la derecha representa en el eje vertical del gráfico el valor de la posición x para cualquier tiempo t. Si conocemos la expresión de esta curva, sabemos la trayectoria del robot.

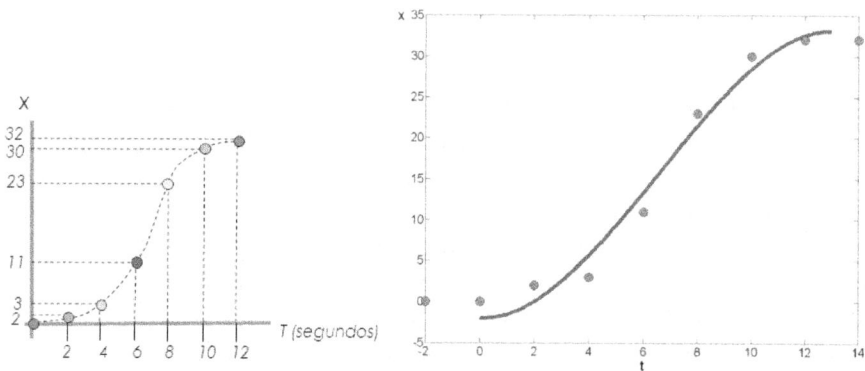

Figura 7.20. Representación de la posición en función del tiempo y curva aproximada

En la práctica deberíamos actuar sobre los motores que controlan las ruedas para conseguir que el robot se comportara de esta manera. Pero actuar sobre los motores de las ruedas se traduce en proporcionar un mayor o menor voltaje que, a su vez, produce mayor o menor *velocidad* lineal al robot. Por lo tanto, el objetivo será conocer la velocidad en cada punto del camino. Podemos calcular la velocidad recordando la ecuación:

$$v = \frac{\Delta x}{\Delta t}$$

Si tomamos intervalos de tiempo de 0,5 segundos, obtenemos la tabla de velocidades de la Figura 7.21. La velocidad en función del tiempo también ha sido dibujada al lado para ver cómo al principio y al final del recorrido damos velocidades cercanas a cero, en el primer tramo la velocidad aumenta progresivamente y en la segunda mitad disminuye poco a poco. Con esta tabla o con este gráfico podríamos hacer que nuestro robot siguiera la trayectoria predefinida. Pero, también, podemos ajustar esta curva de velocidades a un polinomio (en este caso el polinomio sería $-0,1t^2 + 2t - 2,2$).

Por lo tanto, al final concluimos que hemos calculado la trayectoria sobre uno de los dos grados de libertad del robot móvil, que es el movimiento de traslación. En este ejemplo, el robot no cambia de dirección, por lo que el segundo grado de libertad —el giro de las ruedas— se mantiene siempre constante a cero.

t(seg)	v(m/s)
0	0,00
0,5	0,06
1	0,36
1,5	0,64
2	0,90
2,5	1,13
3	1,33
3,5	1,51
4	1,66
4,5	1,79
5	1,90
5,5	1,97
6	2,03
6,5	2,05
7	2,06
7,5	2,03
8	1,98
8,5	1,91
9	1,81
9,5	1,69
10	1,54
10,5	1,36
11	1,16
11,5	0,94
12	0,69
12,5	0,41
13	0,11

Primer grado de libertad: Velocidad

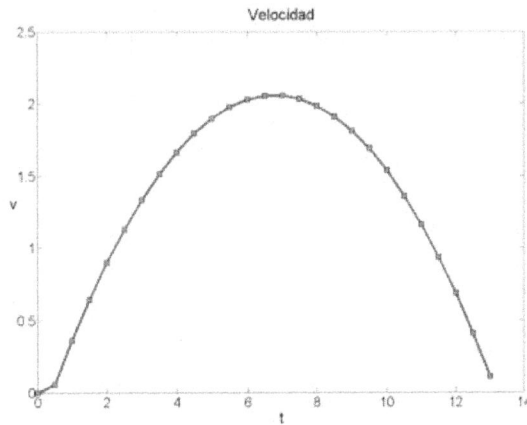

Segundo grado de libertad: Giro

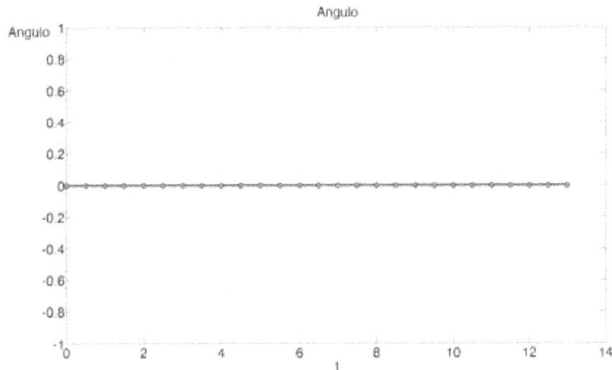

Figura 7.21. Gráficas de velocidad en función del tiempo y ángulo de giro de la ruedas en función del tiempo para un camino recto

Si el giro de las ruedas no es cero, entonces el robot seguirá un camino no recto en función de cómo cambie el ángulo de giro. En las figuras siguientes se muestran las gráficas de cómo varían el ángulo de giro y la trayectoria seguida por el robot.

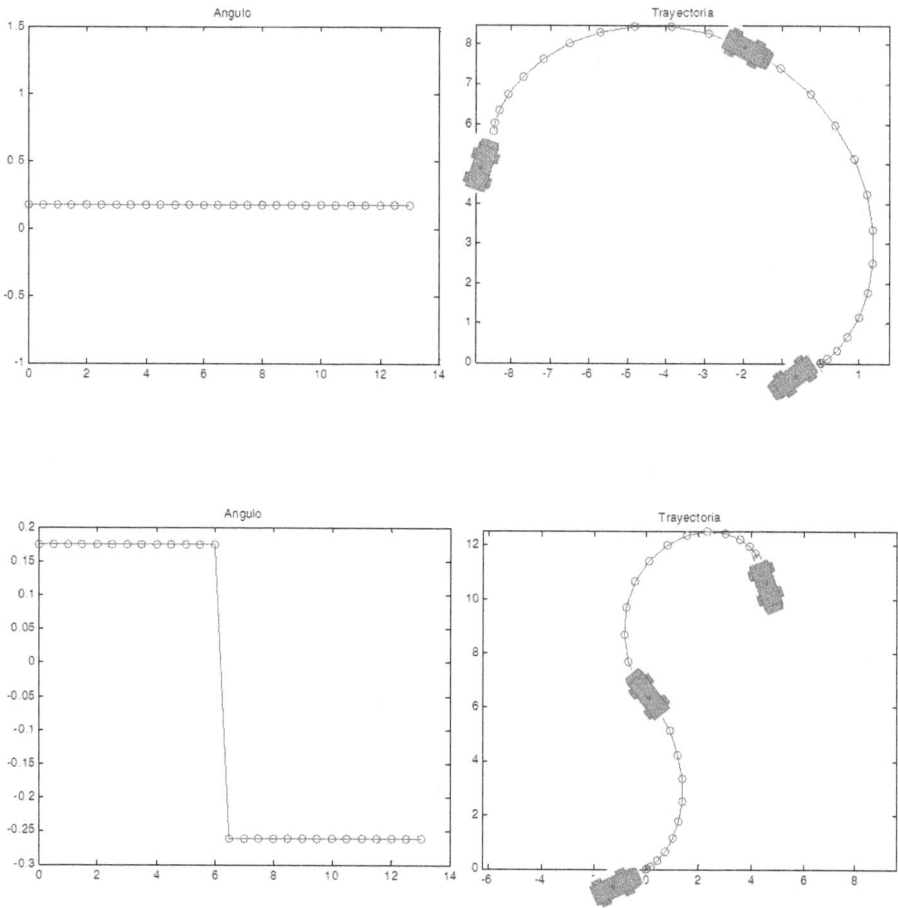

Figura 7.22. Trayectorias seguidas por el robot para dos casos de giro de las ruedas. En el primer caso las ruedas se mantienen giradas 10° todo el trayecto. En el segundo caso las ruedas están giradas 10° durante un tramo del recorrido y después giran a −15° durante el resto

ÍNDICE ALFABÉTICO

www.ingramcontent.com/pod-product-compliance
Lightning Source LLC
Chambersburg PA
CBHW081504200326
41518CB00015B/2373